ライブラリ新数学大系＝E 別巻 1

大学新入生のための
基礎数学

米田　元・本間泰史・高橋大輔　共著

サイエンス社

サイエンス社のホームページのご案内
http://www.saiensu.co.jp
ご意見・ご要望は　rikei@saiensu.co.jp　まで．

まえがき

数学は論理で成り立つ学問であり，AならばBゆえにCというふうな論理の膨大な積み重ねでできている．そしてこの特質こそが数学の魅力になっている．定義や定理を理解する際に，論理展開の心地よさ，得られる結果の論理的な美しさによってしばしば深い感銘を得ることができる．しかしながら，この魅力を味わうためには一定の訓練が必要でもある．大学の数学にいたるまでにも，小学校の算数から始まって中学・高校の数学と段階を経た長い研鑽を必要とする．論理の積み重ねで成り立つ学問だけに，途中を飛ばして先の方をというわけにはいかず，忍耐強い学習を必要とする．

では公式を丸覚えして，計算問題をたくさん解けばよいかというと，残念ながらそれだけではすまない．学んでいる事項の意味について深く考える必要がある．これも論理の学問であることの特徴である．相似とは何か，無理数とは何か，面積とは何か，微分とは何か，など，新しい概念に出会うたびに深い洞察を要求され，わかるとわからないとの間にはっきりと線引きがある．

それでも高校までは教える内容に一定の枠がはめられ，たっぷりの練習問題による丁寧な指導が行われている．ところが大学に入るとがらっと様子が変わり，新しい事項を次から次へと大量に学ばなければならない．何しろ後で控えている専門学科の科目では，高度で多岐にわたる数学が要求されているからである．

このため大学初年度で学ぶ数学は多くの学科で将来にわたって重要であり，ここでつまずくと多大な影響が及ぶ．ところが，高校までの内容と大学初年度の内容との接続がうまくいかないという問題が近年になって生じた．時代とともに初等教育のカリキュラムに改革が施され，指導内容がスリムになったせいで，従来の大学初年度向けの教科書がそのままでは使えない事態になりつつある．

そこでこのような事態を改善すべく，大学に入学したての学生諸君がそれまでに習う機会が少ない，あるいは，苦手とすることが多いような内容を洗い出し，高大接続のためのテキストをまとめたのが本書である．本書は，ベクトルと平面・空間図形，平面・空間における 1 次変換，集合と写像，複素数と複素平面の 4 つの章で構成されている．

最初の 2 つの章は，大学では線形代数という 1 年次の重要な数学科目に属するものである．高校ではせいぜい 2, 3 次元ベクトルや 2×2 行列で教えていた内容が，大学ではたちどころに高次元のベクトルや一般の行列に置き換わる．また，平面や空間の図形は線形代数と深い関わりがあるにもかかわらず，それらに対する理解が乏しいままで大学に入る学生も多い．最初の 2 章はこのあたりを補充するためである．

第 3 章では，数学の対象および対象同士の関係を規定するための基礎表現である集合と写像を取り上げた．これらは論理や証明といった数学の言葉自体にも深く関連し，きちんと学ぶことが学習者の技量を上げることに直結する．本書ではこういった観点にも配慮しながら内容をまとめた．

最後の章の複素数と複素平面は，初学者にとってそれらの意義がなかなか理解しにくく，高校では機械的な計算ですませてしまうことが多い．ところが複素数ひいては複素関数は理工学におけるいろんな分野で用いられ重要度が大きい．そこで，もう一度高校の内容をしっかり復習し，発展的な部分を補充する内容とした．

本書は早稲田大学の理工学部 1 年生の基礎数学科目で教える内容を反映している．しかし基礎数学教育の改善は日本の大学の共通の問題であり，他大学でも使えるように，また講義用にも自習用にもなるように工夫したつもりである．

本書を書いてみないかと声をかけてくださったのは早稲田大学数学科の足立恒雄教授である．氏は大学で長く数学教育に関わり，この種のテキストの執筆にはたいへん長けておられる．それにも関わらず，我々三名の若輩にチャレンジする機会を与えてくださり，原稿について多くの助言をいただいた．氏にまずお礼を申し上げたい．また，サイエンス社編集部の田島伸彦氏，鈴木綾子氏は，三名のつたない連係プレーを忍耐強く見守ってくださり，すばらしいテキストに仕上げてくださった．おわびとともに厚く感謝の意を表したい．

2010 年 8 月

米田元・本間泰史・高橋大輔

本書の誤植等に関する情報はサイエンス社
http://www.saiensu.co.jp
のサポートページに掲載する予定です．

目　　次

ギリシャ字

読み方	大文字	小文字	読み方	大文字	小文字
alpha	A	α	nu	N	ν
beta	B	β	omicron	O	o
gamma	$\mathit{\Gamma}$	γ	xi	Ξ	ξ
delta	Δ	δ	pi	Π	π, ϖ
epsilon	E	ϵ, ε	rho	P	ρ, ϱ
zeta	Z	ζ	sigma	Σ	σ, ς
eta	H	η	tau	T	τ
theta	Θ	θ, ϑ	upsilon	Υ	υ
iota	I	ι	phi	Φ	ϕ, φ
kappa	K	κ	chi	X	χ
lambda	Λ	λ	psi	Ψ	ψ
mu	M	μ	omega	Ω	ω

第1章

ベクトルと平面・空間図形

この章では，2 次元，3 次元のベクトルについて解説する．また，平面内や空間内の図形への応用についても述べる．1.1 節ではベクトルの定義や基本的な性質について，1.2 節では外積について，1.3 節では直線や平面の表現について，1.4 節では円や球面の表現について述べる．

2 次元ベクトルや平面内の図形は中学，高校でかなり慣れているであろう．各節ではそれらの復習から始め，次に 3 次元ベクトル・空間内の図形へと話題を進める．

1.1 ベクトル

この節では 2 次元および 3 次元のベクトルの演算や公式について学ぶ．登場するさまざまな量や関係は図形によって直観的に理解することも可能であるが，定義にしたがって論理的に理解することも大事である．

2 次元数ベクトル

(1) 2 つの実数 a_1, a_2 を組にして $\boldsymbol{a} = (a_1, a_2)$ と表されるものを 2 次元**数**(すう)**ベクトル** (numerical vector) と呼び，それら全体の集合を $\boldsymbol{R}^2$ と書く．a_1, a_2 をベクトルの**成分** (component) という．また，$\boldsymbol{0} = (0, 0)$ を**零**(れい)**ベクトル** (zero vector) と呼ぶ．

(2) 2 次元数ベクトルには次の和とスカラー倍が定義される．

$\boldsymbol{a} = (a_1, a_2)$, $\boldsymbol{b} = (b_1, b_2)$ および実数 c に対して

$$和\quad \boldsymbol{a} + \boldsymbol{b} = (a_1 + b_1, a_2 + b_2), \qquad スカラー倍\quad c\boldsymbol{a} = (ca_1, ca_2)$$

とする．さらに，$\boldsymbol{a}_1, \boldsymbol{a}_2, \ldots, \boldsymbol{a}_k, c_1, c_2, \ldots, c_k$ に対して

$$c_1\boldsymbol{a}_1 + c_2\boldsymbol{a}_2 + \cdots + c_k\boldsymbol{a}_k$$

を $\boldsymbol{a}_1, \boldsymbol{a}_2, \ldots, \boldsymbol{a}_k$ の **1 次結合** (linear combination)（あるいは**線形結合**，**線形和**）と呼ぶ．

ベクトルの表記は高校では矢印を用いて $\overrightarrow{a}$ などと表記することが多いが，本書では太字を用いて $\boldsymbol{a}$ などとする．

平面ベクトル

平面内の点 A から点 B への移動を考える．このとき途中経路は考慮せず移動の結果のみを指定するには，線分 AB に A（始点）から B（終点）へ向かう向きを与えたものがあればよい．このように向きづけされた線分を**有向線分**(ゆうこう) (directed segment) という．さらに，始点・終点の位置を考慮せず，移動の距離と方向だけを表す量を**ベクトル** (vector) という．A を始点，B を終点とする有向線分 AB で表される平面内のベクトルすなわち**平面ベクトル** (plane vector) を $\overrightarrow{\mathrm{AB}}$ と書く．

ベクトルは始点・終点の位置を考慮しないので，図のように線分 AB と CD の長さが等しく向きが同じ場合，$\overrightarrow{\mathrm{AB}} = \overrightarrow{\mathrm{CD}}$ が成り立つ．また，点の情報を含めないので，ベクトルを $\boldsymbol{a}$ などと表しても構わない．

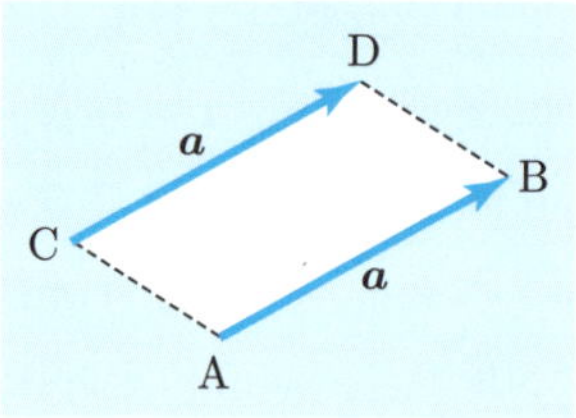

(1) 平面内に xy 座標を考えると，A から B への移動は x, y 座標の変化の組で表すことができる．そこで $\mathrm{A}(a_1, a_2)$, $\mathrm{B}(b_1, b_2)$ に対して，$\overrightarrow{\mathrm{AB}}$ を数ベクトル表示で $\overrightarrow{\mathrm{AB}} = (b_1 - a_1, b_2 - a_2)$ と表す．

(2) 数ベクトルの和，スカラー倍より平面ベクトルの和，スカラー倍

が自然に定まる．たとえば3点 A, B, C に対して $\overrightarrow{\mathrm{AB}}+\overrightarrow{\mathrm{BC}}=\overrightarrow{\mathrm{AC}}$ となる．また $c\overrightarrow{\mathrm{AB}}$ は，

- $c>0$ のとき $\overrightarrow{\mathrm{AB}}$ と同じ向きで長さが c 倍のベクトル，
- $c<0$ のとき $\overrightarrow{\mathrm{AB}}$ と逆向きで長さが $|c|$ 倍のベクトル，
- $c=0$ のときは始点と終点が一致した零ベクトルとなる．

(3)　平面ベクトル $\overrightarrow{\mathrm{AB}}, \overrightarrow{\mathrm{CD}}$ が**平行** (parallel) であるとは，$\overrightarrow{\mathrm{AB}}, \overrightarrow{\mathrm{CD}} \neq \mathbf{0}$ であり，ある実数 c が存在して $\overrightarrow{\mathrm{AB}}=c\overrightarrow{\mathrm{CD}}$ となるときをいい，$\overrightarrow{\mathrm{AB}} \,/\!/\, \overrightarrow{\mathrm{CD}}$ と書く．

(4)　原点 O を始点とするベクトルを与え，その終点によって点を指定することができる．たとえばベクトル $\boldsymbol{a}$ の始点を原点にとり，終点が点 A になるならば，$\boldsymbol{a}=\overrightarrow{\mathrm{OA}}$ である．このとき $\boldsymbol{a}$ を点 A の**位置ベクトル** (position vector) という．

注意　線分の長さと向きを，力や速度などの大きさと向きに置き換えることで，理工学に登場するさまざまな量がベクトルで表される．

以降では2次元数ベクトル，平面ベクトルをいちいち区別せず，2次元ベクトルと呼ぶことにする．また，数ベクトルに対しても $\boldsymbol{a}, \boldsymbol{b} \neq \mathbf{0}$ かつ $\boldsymbol{a}=c\boldsymbol{b}$ となる実数 c が存在するとき平行と呼ぶことにする．

例題 1.1.1

次を示せ．

(1)　$\boldsymbol{a} \neq \mathbf{0}$ ならば $\boldsymbol{a} \,/\!/\, \boldsymbol{a}$　　(2)　$\boldsymbol{a} \,/\!/\, \boldsymbol{b}$ ならば $\boldsymbol{b} \,/\!/\, \boldsymbol{a}$

(3)　$\boldsymbol{a} \,/\!/\, \boldsymbol{b}$ かつ $\boldsymbol{b} \,/\!/\, \boldsymbol{c}$ ならば $\boldsymbol{a} \,/\!/\, \boldsymbol{c}$

解答　(1)　$\boldsymbol{a}=1\boldsymbol{a}$ より明らか．

(2)　仮定より $\boldsymbol{a}, \boldsymbol{b} \neq \mathbf{0}$, $\boldsymbol{a}=c\boldsymbol{b}$ と書け，$c=0$ だと $\boldsymbol{a}=\mathbf{0}$ となるので $c \neq 0$．よって $\boldsymbol{b}=(1/c)\boldsymbol{a}$ となり $\boldsymbol{b} \,/\!/\, \boldsymbol{a}$．

(3)　仮定より $\boldsymbol{a}=c_1\boldsymbol{b}$, $\boldsymbol{b}=c_2\boldsymbol{c}$ となる．よって $\boldsymbol{a}=c_1c_2\boldsymbol{c}$ となり，$\boldsymbol{a}, \boldsymbol{c} \neq \mathbf{0}$ であったから $\boldsymbol{a} \,/\!/\, \boldsymbol{c}$．　◆

問　題

1.1.1 (a_1, a_2), (b_1, b_2) がともに零ベクトルでないとき，次を示せ．

『両者が平行 $\Leftrightarrow a_1b_2 - a_2b_1 = 0$』

平行でない，平行であるというベクトル同士の関係をより一般化すると**1次独立**（linearly independent，**線形独立**ともいう），**1次従属**（linearly dependent，**線形従属**ともいう）という関係になる．ここで扱っている2次元ベクトルや後で出てくる3次元ベクトルについてもその関係を与えることができるが，より一般的なベクトルに対して定義しておいた方が見通しがよい．

ベクトルの1次独立・1次従属

k 個のベクトル $\boldsymbol{a}_1, \boldsymbol{a}_2, \ldots, \boldsymbol{a}_k$ に対して，$c_1\boldsymbol{a}_1 + c_2\boldsymbol{a}_2 + \cdots + c_k\boldsymbol{a}_k = \boldsymbol{0}$ という表現を考える．この方程式を満たす $c_1, c_2, \ldots, c_k$ が $c_1 = c_2 = \cdots = c_k = 0$ の場合しかないとき，$\boldsymbol{a}_1, \boldsymbol{a}_2, \ldots, \boldsymbol{a}_k$ は1次独立であるといい，そうでないとき1次従属であるという．

では2次元ベクトルに対してどのような性質が成り立つか考えてみよう．

例題 1.1.2

次を示せ．

(1)　$\boldsymbol{a}_1, \boldsymbol{a}_2, \ldots, \boldsymbol{a}_k$ のどれか1つでも零ベクトルなら1次従属である．

(2)　$\boldsymbol{a}_1, \ldots, \boldsymbol{a}_k$ が1次従属なら，新たに $\boldsymbol{a}_{k+1}$ を加えた $\boldsymbol{a}_1, \boldsymbol{a}_2, \ldots, \boldsymbol{a}_k, \boldsymbol{a}_{k+1}$ も1次従属である．

(3)　$\boldsymbol{a}_1, \boldsymbol{a}_2, \ldots, \boldsymbol{a}_k, \boldsymbol{a}_{k+1}$ が1次独立なら $\boldsymbol{a}_1, \boldsymbol{a}_2, \ldots, \boldsymbol{a}_k$ も1次独立である．

(4)　1つのベクトル $\boldsymbol{a}$ について『$\boldsymbol{a}$ が1次独立 $\Leftrightarrow \boldsymbol{a} \neq \boldsymbol{0}$』が成り立つ．

解答　(1)　一般性を失わずに $\boldsymbol{a}_1 = \boldsymbol{0}$ とする．このとき $c_1\boldsymbol{a}_1 + \cdots + c_k\boldsymbol{a}_k = \boldsymbol{0}$ は $c_1 \neq 0$, $c_2 = \cdots = c_k = 0$ でも成立する．したがって1次従属．

(2) $c_1\boldsymbol{a}_1 + \cdots + c_k\boldsymbol{a}_k + c_{k+1}\boldsymbol{a}_{k+1} = \boldsymbol{0}$ を考える．$c_{k+1} = 0$ とすると $c_1\boldsymbol{a}_1 + \cdots + c_k\boldsymbol{a}_k = \boldsymbol{0}$ となるが，$\boldsymbol{a}_1, \boldsymbol{a}_2, \ldots, \boldsymbol{a}_k$ が1次従属なので $c_1 = \cdots = c_k = 0$ 以外にこの方程式を満たす $c_1, c_2, \ldots, c_k$ が存在する．したがって元の方程式を満たす $c_1, c_2, \ldots, c_k, c_{k+1}$ にも $c_1 = \cdots = c_k = c_{k+1} = 0$ 以外のものが存在する．

(3) (2) の対偶をとればよい．

(4) $c\boldsymbol{a} = \boldsymbol{0}$ を満たす c を考える．

(⇒) $\boldsymbol{a} = \boldsymbol{0}$ なら $c \neq 0$ が存在し，(⇐) $\boldsymbol{a} \neq \boldsymbol{0}$ なら $c = 0$ しか存在しない． ◆

例題 1.1.3

次を示せ．

『$\boldsymbol{a}, \boldsymbol{b}$ が1次独立 ⇔ $\boldsymbol{a} \neq \boldsymbol{0}$ かつ $\boldsymbol{b} \neq \boldsymbol{0}$ であり，$\boldsymbol{a}$ と $\boldsymbol{b}$ は平行でない．』

解答 (⇒) p.4 例題 1.1.2 (1) の対偶より $\boldsymbol{a} \neq \boldsymbol{0}, \boldsymbol{b} \neq \boldsymbol{0}$．さらに $\boldsymbol{a} \,/\!/\, \boldsymbol{b}$ とすると，$\boldsymbol{a} - c\boldsymbol{b} = \boldsymbol{0}$ となる0でない c が存在し $\boldsymbol{a}, \boldsymbol{b}$ は1次従属となるので矛盾．

(⇐) $c_1\boldsymbol{a} + c_2\boldsymbol{b} = \boldsymbol{0}$ を考える．$c_1 \neq 0$ ならば

$$\boldsymbol{a} = -\frac{c_2}{c_1}\boldsymbol{b}$$

となり，$\boldsymbol{a} \,/\!/\, \boldsymbol{b}$ となるので仮定に矛盾する．よって $c_1 = 0$．同様にして $c_2 = 0$ となり，$\boldsymbol{a}, \boldsymbol{b}$ は1次独立となる． ◆

問題

1.1.2 次を示せ．

『$\boldsymbol{a} = (a_1, a_2), \boldsymbol{b} = (b_1, b_2)$ が1次独立 ⇔ $a_1b_2 - a_2b_1 \neq 0$』

注意 この問題から，『$\boldsymbol{a} = (a_1, a_2), \boldsymbol{b} = (b_1, b_2)$ が1次従属 ⇔ $a_1b_2 - a_2b_1 = 0$』も成り立つことがわかる．

1.1.3 平面内の3点 O, A, B に対して $\overrightarrow{\mathrm{OA}} = \boldsymbol{a}, \overrightarrow{\mathrm{OB}} = \boldsymbol{b}$ とし，$\boldsymbol{a}, \boldsymbol{b} \neq \boldsymbol{0}$ とする．次を示せ．

(1) $\boldsymbol{a}, \boldsymbol{b}$ が1次従属 ⇔ O, A, B は一直線上にある

(2) $\boldsymbol{a}, \boldsymbol{b}$ が1次独立 ⇔ OAB は三角形をなす

1.1.4 次を示せ．

(1) $\boldsymbol{a} = (a_1, a_2), \boldsymbol{b} = (b_1, b_2), \boldsymbol{c} = (c_1, c_2)$ に対して以下が成り立つ．

$$(b_1c_2 - b_2c_1)\boldsymbol{a} + (c_1a_2 - c_2a_1)\boldsymbol{b} + (a_1b_2 - a_2b_1)\boldsymbol{c} = \boldsymbol{0}$$

(2) 3個以上の2次元ベクトルは常に1次従属となる．

例題 1.1.4

1 次独立な $\boldsymbol{a}, \boldsymbol{b}$ と任意の $\boldsymbol{v}$ に対し，$\boldsymbol{v} = k_1\boldsymbol{a} + k_2\boldsymbol{b}$ となる k_1, k_2 が一意的に存在する．

解答　（存在）　前問題の (2) より $\boldsymbol{v}, \boldsymbol{a}, \boldsymbol{b}$ は 1 次従属で，$c_1\boldsymbol{v} + c_2\boldsymbol{a} + c_3\boldsymbol{b} = \boldsymbol{0}$ を満たす c_1, c_2, c_3 に $c_1 = c_2 = c_3 = 0$ でないものが存在する．仮に $c_1 = 0$ とすると，$\boldsymbol{a}, \boldsymbol{b}$ の 1 次独立性より，$c_2 = c_3 = 0$ となり矛盾するので，$c_1 \fallingdotseq 0$．よって $\boldsymbol{v} = -(c_2/c_1)\boldsymbol{a} - (c_3/c_1)\boldsymbol{b}$ となる．
（一意）　$\boldsymbol{v} = k_1\boldsymbol{a} + k_2\boldsymbol{b} = l_1\boldsymbol{a} + l_2\boldsymbol{b}$ と仮定すると

$$(k_1 - l_1)\boldsymbol{a} + (k_2 - l_2)\boldsymbol{b} = \boldsymbol{0}$$

となり，$\boldsymbol{a}, \boldsymbol{b}$ の 1 次独立性より，$k_1 - l_1 = k_2 - l_2 = 0$ すなわち $k_1 = l_1, k_2 = l_2$ となる． ◆

次に紹介するベクトルの演算は内積である．$\boldsymbol{R}^2$ の 2 つのベクトルの内積は実数（スカラー）となる．

2 次元ベクトルの内積

(1)　$\boldsymbol{a} = (a_1, a_2), \boldsymbol{b} = (b_1, b_2)$ に対して，**内積**（ないせき）(inner product) を

$$\boldsymbol{a} \cdot \boldsymbol{b} = a_1b_1 + a_2b_2$$

と定義する．また，$\boldsymbol{a}$ の**大きさ**（**ノルム** (norm) ともいう）を $|\boldsymbol{a}| = \sqrt{\boldsymbol{a} \cdot \boldsymbol{a}} = \sqrt{a_1^2 + a_2^2}$ と定義する．この量は非負であり，$\boldsymbol{a}$ を平面ベクトルとみなしたときベクトルの長さを表している．大きさが 1 のベクトルを**単位ベクトル** (unit vector) という．

(2)　**コーシー–シュワルツの不等式** (Cauchy-Schwarz's inequality)

$$-|\boldsymbol{a}||\boldsymbol{b}| \leqq \boldsymbol{a} \cdot \boldsymbol{b} \leqq |\boldsymbol{a}||\boldsymbol{b}|$$

が常に成り立つので，$|\boldsymbol{a}|, |\boldsymbol{b}| \fallingdotseq 0$ のとき

$$\cos\theta = \frac{\boldsymbol{a} \cdot \boldsymbol{b}}{|\boldsymbol{a}||\boldsymbol{b}|} \quad かつ \quad 0 \leqq \theta \leqq \pi$$

を満たす角 θ が 1 つ存在する．これを $\boldsymbol{a}, \boldsymbol{b}$ の**なす角**という．

問　題

1.1.5 次を示せ.

(1) $\boldsymbol{a}\cdot\boldsymbol{b}=\boldsymbol{b}\cdot\boldsymbol{a}$

(2) k, l が実数のとき

$$(k\boldsymbol{a}+l\boldsymbol{b})\cdot\boldsymbol{c}=k\boldsymbol{a}\cdot\boldsymbol{c}+l\boldsymbol{b}\cdot\boldsymbol{c},\quad \boldsymbol{a}\cdot(k\boldsymbol{b}+l\boldsymbol{c})=k\boldsymbol{a}\cdot\boldsymbol{b}+l\boldsymbol{a}\cdot\boldsymbol{c}$$

(3) $|\boldsymbol{a}|=0 \ \Leftrightarrow\ \boldsymbol{a}=\boldsymbol{0}$

例題 1.1.5

コーシー–シュワルツの不等式を証明せよ．また等号成立はどんなときか.

解答 $\boldsymbol{a}=(a_1,a_2)$, $\boldsymbol{b}=(b_1,b_2)$ とする.

$$|\boldsymbol{a}|^2|\boldsymbol{b}|^2-(\boldsymbol{a}\cdot\boldsymbol{b})^2=(a_1^2+a_2^2)(b_1^2+b_2^2)-(a_1b_1+a_2b_2)^2=(a_1b_2-a_2b_1)^2\geqq 0$$

となる．等号が成立するのは，$a_1b_2-a_2b_1=0$ のとき，つまり $\boldsymbol{a}, \boldsymbol{b}$ が 1 次従属のときである. ◆

例題 1.1.6

平面内の 3 点 O, A, B に対して $\overrightarrow{\mathrm{OA}}=\boldsymbol{a}$, $\overrightarrow{\mathrm{OB}}=\boldsymbol{b}$ とし，$\boldsymbol{a}, \boldsymbol{b}\neq\boldsymbol{0}$ とする．このとき上のコーシー–シュワルツの不等式で定義された角 θ は $\angle\mathrm{AOB}$ に等しいことを示せ.

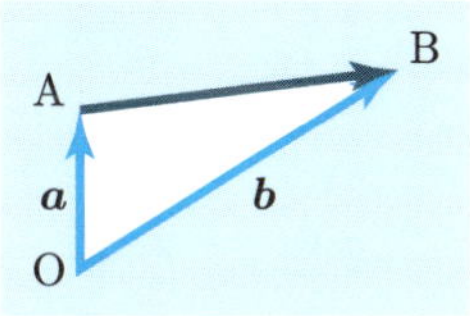

解答 三角形 OAB に対して余弦定理 $\mathrm{AB}^2=\mathrm{OA}^2+\mathrm{OB}^2-2\,\mathrm{OA}\,\mathrm{OB}\cos\angle\mathrm{AOB}$ が成り立つ．$\overrightarrow{\mathrm{AB}}=\boldsymbol{b}-\boldsymbol{a}$ に注意すると

$$\cos\angle\mathrm{AOB}=(|\boldsymbol{a}|^2+|\boldsymbol{b}|^2-|\boldsymbol{b}-\boldsymbol{a}|^2)/2|\boldsymbol{a}||\boldsymbol{b}|$$

となる．さらに

$$|\boldsymbol{b}-\boldsymbol{a}|^2=(\boldsymbol{b}-\boldsymbol{a})\cdot(\boldsymbol{b}-\boldsymbol{a})=|\boldsymbol{a}|^2+|\boldsymbol{b}|^2-2\boldsymbol{a}\cdot\boldsymbol{b}$$

となるので $\cos\angle\mathrm{AOB}=\boldsymbol{a}\cdot\boldsymbol{b}/|\boldsymbol{a}||\boldsymbol{b}|$ である．したがって $\angle\mathrm{AOB}=\theta$．ただし，$\theta=0,\pi$ の場合は例題 1.1.5 より O, A, B が一直線に並ぶ場合であり，$\boldsymbol{a}$ と $\boldsymbol{b}$ が同じ向きのとき $\theta=0$，逆向きのとき $\theta=\pi$ となる. ◆

この例題 1.1.6 より，$\boldsymbol{a}, \boldsymbol{b}$ を平面ベクトルとみなしたときの内積 $\boldsymbol{a}\cdot\boldsymbol{b}$ の幾何的意味が明らかになる.

2次元ベクトルの内積の幾何的意味

$\boldsymbol{a}$ と $\boldsymbol{b}$ がともに零ベクトルでないとする．このとき $\boldsymbol{a}$ の $\boldsymbol{b}$ への正射影の長さ（$\pi/2 < \theta$ のときは負にとる）は $|\boldsymbol{a}|\cos\theta$ となるので，

$$\boldsymbol{a}\cdot\boldsymbol{b} = |\boldsymbol{a}||\boldsymbol{b}|\cos\theta$$

はその正射影の長さと $\boldsymbol{b}$ の長さの積に等しい．また $\boldsymbol{b}$ の $\boldsymbol{a}$ への正射影の長さと $\boldsymbol{a}$ の長さの積にも等しい．

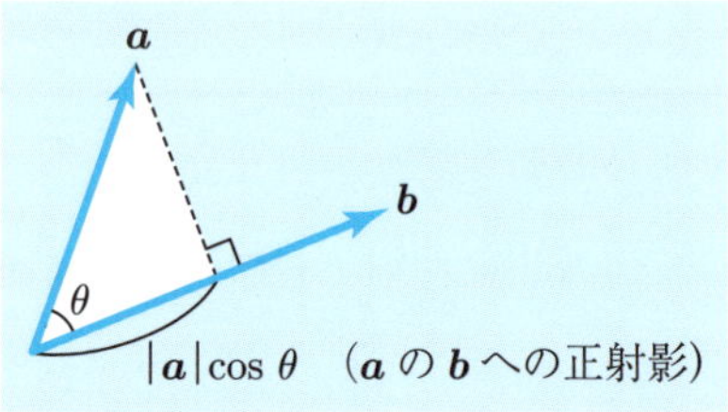

なお，$\boldsymbol{a}, \boldsymbol{b}$ の少なくとも片方が零ベクトルであるとき，角 θ は定義できない．このとき $\boldsymbol{a}\cdot\boldsymbol{b} = 0$ である．さらに，零ベクトルでない $\boldsymbol{a}, \boldsymbol{b}$ のなす角が $\pi/2$ のとき，両者は互いに**垂直** (perpendicular) であるいう．$\boldsymbol{a}\cdot\boldsymbol{b} = 0$ となることの必要十分条件は

『$\boldsymbol{a}, \boldsymbol{b}$ が垂直あるいは $\boldsymbol{a} = \boldsymbol{0}$ か $\boldsymbol{b} = \boldsymbol{0}$』

となることである．

例題 1.1.7

$|\boldsymbol{a}+\boldsymbol{b}| \leqq |\boldsymbol{a}| + |\boldsymbol{b}|$ を証明せよ．また等号成立はどんなときか．

解答
$$\begin{aligned}右辺^2 - 左辺^2 &= |\boldsymbol{a}|^2 + |\boldsymbol{b}|^2 + 2|\boldsymbol{a}||\boldsymbol{b}| - (\boldsymbol{a}+\boldsymbol{b})\cdot(\boldsymbol{a}+\boldsymbol{b}) \\ &= 2(|\boldsymbol{a}||\boldsymbol{b}| - \boldsymbol{a}\cdot\boldsymbol{b}).\end{aligned}$$

コーシー–シュワルツの不等式よりこれは非負である．等号成立は $|\boldsymbol{a}||\boldsymbol{b}| = \boldsymbol{a}\cdot\boldsymbol{b} \geqq 0$ のときであり，$\boldsymbol{a}, \boldsymbol{b}$ の少なくとも一方が $\boldsymbol{0}$ か，両者が平行で同じ向きのとき．なお，平面内に3点 A, B, C が与えられたとき $\overrightarrow{\mathrm{AB}} = \boldsymbol{a}$, $\overrightarrow{\mathrm{BC}} = \boldsymbol{b}$ とすると，$\overrightarrow{\mathrm{AC}} = \boldsymbol{a}+\boldsymbol{b}$ であり，与式は三角形の3辺の長さの条件と関係づけられる． ◆

問題

1.1.6 平面内にある 3 点 $(0,0)$, (a_1,a_2), (b_1,b_2) を頂点とする三角形の面積 S は $S=\dfrac{|a_1b_2-a_2b_1|}{2}$ であることを示せ．

例題 1.1.8

次を示せ．『1 次独立な $\boldsymbol{a}$, $\boldsymbol{b}$ について，$\boldsymbol{v}\cdot\boldsymbol{a}=0$ かつ $\boldsymbol{v}\cdot\boldsymbol{b}=0$ ならば，$\boldsymbol{v}=\boldsymbol{0}$ である．』

解答 $\boldsymbol{v}=(v_1,v_2)$, $\boldsymbol{a}=(a_1,a_2)$, $\boldsymbol{b}=(b_1,b_2)$ とする．仮定より $v_1a_1+v_2a_2=0$, $v_1b_1+v_2b_2=0$ となる．したがって $b_2(v_1a_1+v_2a_2)-a_2(v_1b_1+v_2b_2)=0$ であり，$(a_1b_2-a_2b_1)v_1=0$ を得る．$\boldsymbol{a}$, $\boldsymbol{b}$ は 1 次独立なので，$a_1b_2-a_2b_1\neq 0$ であり，$v_1=0$ を得る．同様にして $v_2=0$. ◆

問題

1.1.7 次を示せ．『$\boldsymbol{a}$, $\boldsymbol{b}$ が垂直であるとき，任意の $\boldsymbol{v}$ について

$$\boldsymbol{v}=\frac{(\boldsymbol{v}\cdot\boldsymbol{a})\,\boldsymbol{a}}{|\boldsymbol{a}|^2}+\frac{(\boldsymbol{v}\cdot\boldsymbol{b})\,\boldsymbol{b}}{|\boldsymbol{b}|^2}$$

が成立する．』

次に 3 次元ベクトルを扱う．2 次元ベクトルで学んだことは，ほとんどそのまま 3 次元ベクトルに拡張することができる．

3 次元数ベクトル

(1) 3 つの実数 a_1, a_2, a_3 を組にして，$\boldsymbol{a}=(a_1,a_2,a_3)$ と表されるものを 3 次元**数ベクトル**と呼び，その全体を $\boldsymbol{R}^3$ と書く．また，$\boldsymbol{0}=(0,0,0)$ を**零ベクトル**という．

(2) 2 次元数ベクトルと同様に

和 $(a_1,a_2,a_3)+(b_1,b_2,b_3)=(a_1+b_1,a_2+b_2,a_3+b_3)$

スカラー倍 $c\,(a_1,a_2,a_3)=(ca_1,ca_2,ca_3)$

が定義される．さらに

$$c_1\boldsymbol{a}_1 + c_2\boldsymbol{a}_2 + \cdots + c_k\boldsymbol{a}_k$$

を $\boldsymbol{a}_1, \boldsymbol{a}_2, \ldots, \boldsymbol{a}_k$ の **1 次結合**（あるいは**線形結合**，**線形和**）と呼ぶ．

空間ベクトル

(1) 空間中の点 $\mathrm{A}(a_1, a_2, a_3)$ を始点，点 $\mathrm{B}(b_1, b_2, b_3)$ を終点とする**有向線分**で表されるベクトルを $\overrightarrow{\mathrm{AB}}$ と書き，**空間ベクトル**と呼ぶ．平面ベクトルと同様に，空間ベクトルは線分の長さと向きだけで指定される．また，数ベクトル表示で $\overrightarrow{\mathrm{AB}} = (b_1 - a_1, b_2 - a_2, b_3 - a_3)$ と表す．

(2) 数ベクトルの和，スカラー倍より空間ベクトルの和，スカラー倍が自然に定まる．3 点 A, B, C に対して，$\overrightarrow{\mathrm{AB}} + \overrightarrow{\mathrm{BC}} = \overrightarrow{\mathrm{AC}}$ となり，$c\overrightarrow{\mathrm{AB}}$ は，

- $c > 0$ のとき $\overrightarrow{\mathrm{AB}}$ と同じ向きで長さが c 倍のベクトル，
- $c < 0$ のとき $\overrightarrow{\mathrm{AB}}$ と逆向きで長さが $|c|$ 倍のベクトル，
- $c = 0$ のときは始点と終点が一致した零ベクトルとなる．

(3) 空間ベクトル $\overrightarrow{\mathrm{AB}}, \overrightarrow{\mathrm{CD}}$ が**平行**であるとは，$\overrightarrow{\mathrm{AB}}, \overrightarrow{\mathrm{CD}} \neq \mathbf{0}$ であり，ある実数 c が存在して $\overrightarrow{\mathrm{AB}} = c\overrightarrow{\mathrm{CD}}$ となるときをいい，$\overrightarrow{\mathrm{AB}} \mathbin{/\!/} \overrightarrow{\mathrm{CD}}$ と書く．

(4) 空間内の任意の点 $\mathrm{A}(a_1, a_2, a_3)$ に対し，原点 O を始点とするベクトル $\overrightarrow{\mathrm{OA}} = (a_1, a_2, a_3)$ を点 A の**位置ベクトル**という．

以降では 3 次元数ベクトルと空間ベクトルを特に断らないかぎり区別せず，3 次元ベクトルと呼ぶことにする．

問　題

1.1.8 p.3 例題 1.1.1 (1)～(3) が 3 次元ベクトルに対しても成り立つことを示せ．

例題 1.1.9

$\boldsymbol{a}=(a_1,a_2,a_3)$, $\boldsymbol{b}=(b_1,b_2,b_3)$ がともに零ベクトルでないとするとき，次を示せ．

『$\boldsymbol{a}$, $\boldsymbol{b}$ が平行である $\Leftrightarrow$ $a_1b_2-a_2b_1=0$ かつ $a_2b_3-a_3b_2=0$ かつ $a_3b_1-a_1b_3=0$ である』

解答 $(\Rightarrow)$ $(a_1,a_2,a_3)=c(b_1,b_2,b_3)$ の関係を代入すればよい．
$(\Leftarrow)$ $\boldsymbol{b}\neq\boldsymbol{0}$ より b_1, b_2, b_3 のどれかは 0 でない．$b_1\neq 0$ の場合を考える．仮定より $a_1b_2/b_1=a_2$, $a_1b_3/b_1=a_3$ となる．したがって $(a_1/b_1)\boldsymbol{b}=(a_1,a_1b_2/b_1,a_1b_3/b_1)=\boldsymbol{a}$ となり，$\boldsymbol{a}$, $\boldsymbol{b}$ は平行．$b_2\neq 0$, $b_3\neq 0$ の場合も同様．

注意 $(\Leftarrow)$ の証明では，仮定の $a_2b_3-a_3b_2=0$ を使っていないように見える．しかし $b_2\neq 0$ や $b_3\neq 0$ の場合はそれを使う．また，$a_1b_2-a_2b_1=0$ かつ $a_3b_1-a_1b_3=0$ の仮定だけでは十分でないことは，$a_1=b_1=0$ のときを考えれば理解できる． ◆

3 次元ベクトルに対しても p.4 の 1 次独立・1 次従属の定義をあてはめることができる．

問 題

1.1.9 p.4 例題 1.1.2 の (1)〜(4) は 3 次元ベクトルに対しても成り立つことを示せ．

1.1.10 4 点 O, A, B, C に対して $\overrightarrow{OA}=\boldsymbol{a}_1$, $\overrightarrow{OB}=\boldsymbol{a}_2$, $\overrightarrow{OC}=\boldsymbol{a}_3$ とし，$\boldsymbol{a}_1$, $\boldsymbol{a}_2$, $\boldsymbol{a}_3\neq\boldsymbol{0}$ とする．次を示せ．

(1) $\boldsymbol{a}_1$, $\boldsymbol{a}_2$, $\boldsymbol{a}_3$ が 1 次従属 $\Leftrightarrow$ O, A, B, C は同一平面内にある

(2) $\boldsymbol{a}_1$, $\boldsymbol{a}_2$, $\boldsymbol{a}_3$ が 1 次独立 $\Leftrightarrow$ OABC は 4 面体をなす

1.1.11 次を示せ．

(1) $(c_1,c_2,c_3)=s(a_1,a_2,a_3)+t(b_1,b_2,b_3)$ のとき次式が成り立つ．

$$a_1b_2c_3+a_2b_3c_1+a_3b_1c_2-a_3b_2c_1-a_1b_3c_2-a_2b_1c_3=0$$

(2) 逆に $a_1b_2c_3+a_2b_3c_1+a_3b_1c_2-a_3b_2c_1-a_1b_3c_2-a_2b_1c_3=0$ のとき，$k=b_2c_3-b_3c_2$, $l=a_3c_2-a_2c_3$, $m=a_2b_3-a_3b_2$ とすれば $k(a_1,a_2,a_3)+l(b_1,b_2,b_3)+m(c_1,c_2,c_3)=(0,0,0)$ となる．

(3) 3つの空間ベクトル (a_1, a_2, a_3), (b_1, b_2, b_3), (c_1, c_2, c_3) が1次独立であるための必要十分条件は次式で与えられる．

$$a_1b_2c_3 + a_2b_3c_1 + a_3b_1c_2 - a_3b_2c_1 - a_1b_3c_2 - a_2b_1c_3 \neq 0$$

1.1.12 次を示せ．

(1) 4つの3次元ベクトルは常に1次従属である．

(2) 1次独立な $\boldsymbol{a}_1$, $\boldsymbol{a}_2$, $\boldsymbol{a}_3$ と任意の3次元ベクトル $\boldsymbol{v}$ に対し，$\boldsymbol{v} = k_1\boldsymbol{a}_1 + k_2\boldsymbol{a}_2 + k_3\boldsymbol{a}_3$ となる k_1, k_2, k_3 が一意的に存在する．

3次元ベクトルの内積

(1) $\boldsymbol{a} = (a_1, a_2, a_3)$, $\boldsymbol{b} = (b_1, b_2, b_3)$ の**内積**を

$$\boldsymbol{a} \cdot \boldsymbol{b} = a_1b_1 + a_2b_2 + a_3b_3$$

と定義する．また，$\boldsymbol{a}$ の**大きさ**（**ノルム**ともいう）を

$$|\boldsymbol{a}| = \sqrt{\boldsymbol{a} \cdot \boldsymbol{a}} = \sqrt{a_1^2 + a_2^2 + a_3^2}$$

とする．また，大きさが1のベクトルを**単位ベクトル**という．

(2) 2つの3次元ベクトル $\boldsymbol{a}, \boldsymbol{b}$ に対して，**コーシー–シュワルツの不等式**

$$-|\boldsymbol{a}||\boldsymbol{b}| \leqq \boldsymbol{a} \cdot \boldsymbol{b} \leqq |\boldsymbol{a}||\boldsymbol{b}|$$

が成り立つので，$|\boldsymbol{a}|, |\boldsymbol{b}| \neq 0$ のとき $\cos\theta = \dfrac{\boldsymbol{a} \cdot \boldsymbol{b}}{|\boldsymbol{a}||\boldsymbol{b}|}$ かつ $0 \leqq \theta \leqq \pi$ を満たす θ が1つ存在する．

(3) $\boldsymbol{a}, \boldsymbol{b}$ を空間ベクトルとみなしたとき，両者の**なす角**は (2) の θ に等しい．

(4) $\boldsymbol{a}, \boldsymbol{b}$ がともに零ベクトルでないとする．このとき $\boldsymbol{a} \cdot \boldsymbol{b} = |\boldsymbol{a}||\boldsymbol{b}|\cos\theta$ は $\boldsymbol{a}$ の $\boldsymbol{b}$ への正射影の長さと $\boldsymbol{b}$ の長さの積，および，$\boldsymbol{b}$ の $\boldsymbol{a}$ への正射影の長さと $\boldsymbol{a}$ の長さの積に等しい．

(5) $\boldsymbol{a} \cdot \boldsymbol{b} = 0$ となるための必要十分条件は，$\boldsymbol{a}$ と $\boldsymbol{b}$ が**垂直**すなわち両者のなす角が $\pi/2$，あるいは $\boldsymbol{a} = \boldsymbol{0}$ か $\boldsymbol{b} = \boldsymbol{0}$ であることである．

例題 1.1.10

3 次元ベクトルに対して，コーシー–シュワルツの不等式を示せ．

解答　$\boldsymbol{a} = (a_1, a_2, a_3)$, $\boldsymbol{b} = (b_1, b_2, b_3)$ とする．

$$\begin{aligned}|\boldsymbol{a}|^2|\boldsymbol{b}|^2 - (\boldsymbol{a}\cdot\boldsymbol{b})^2 &= (a_1^2 + a_2^2 + a_3^2)(b_1^2 + b_2^2 + b_3^2) - (a_1b_1 + a_2b_2 + a_3b_3)^2 \\ &= (a_1b_2 - a_2b_1)^2 + (a_2b_3 - a_3b_2)^2 + (a_3b_1 - a_1b_3)^2 \geqq 0.\end{aligned}$$

$\boldsymbol{a}$, $\boldsymbol{b}$ が 1 次従属であるとき等号が成立する．◆

問　題

1.1.13 3 次元ベクトル $\boldsymbol{a}$, $\boldsymbol{b}$ を考える．

(1)　$\boldsymbol{a}$, $\boldsymbol{b}$ がともに零ベクトルでないとする．コーシー–シュワルツの不等式で定義された角 θ が空間ベクトル $\boldsymbol{a}$, $\boldsymbol{b}$ のなす角に等しいことを示せ．

(2)　次を示せ．『$\boldsymbol{a}\cdot\boldsymbol{b} = 0 \Leftrightarrow \boldsymbol{a}$ と $\boldsymbol{b}$ が垂直あるいは $\boldsymbol{a} = \boldsymbol{0}$ か $\boldsymbol{b} = \boldsymbol{0}$』

1.1.14 次を示せ．『1 次独立な $\boldsymbol{a}$, $\boldsymbol{b}$, $\boldsymbol{c}$ に対し，$\boldsymbol{v}\cdot\boldsymbol{a} = 0$, $\boldsymbol{v}\cdot\boldsymbol{b} = 0$, $\boldsymbol{v}\cdot\boldsymbol{c} = 0$ であれば $\boldsymbol{v} = \boldsymbol{0}$ である』

1.1.15 p.7 問題 1.1.5 (1)～(3) は 3 次元ベクトルでも成り立つことを示せ．

1.1.16 次を示せ．『$\boldsymbol{a}$, $\boldsymbol{b}$, $\boldsymbol{c}$ が互いに垂直であるとき，任意の $\boldsymbol{v}$ について

$$\boldsymbol{v} = \frac{(\boldsymbol{v}\cdot\boldsymbol{a})\boldsymbol{a}}{|\boldsymbol{a}|^2} + \frac{(\boldsymbol{v}\cdot\boldsymbol{b})\boldsymbol{b}}{|\boldsymbol{b}|^2} + \frac{(\boldsymbol{v}\cdot\boldsymbol{c})\boldsymbol{c}}{|\boldsymbol{c}|^2}$$

が成り立つ．』

1.2　ベクトルの外積

3 次元ベクトルには内積以外にも**外積**（がいせき）(outer product, exterior product) という演算が定義でき，演算の結果は 3 次元ベクトルとなる．外積は重要な概念であり，力のモーメントなど外積で表現できる量は多い．

なお，3 次元ベクトルの外積と似た演算を 2 次元ベクトルにも定義することができ，結果はスカラーとなる．まず，この演算を説明することから始めよう．

外積の2次元版

2つの2次元ベクトル $\boldsymbol{a} = (a_1, a_2)$, $\boldsymbol{b} = (b_1, b_2)$ に対するスカラー演算 $[\![\boldsymbol{a}, \boldsymbol{b}]\!]$ を

$$[\![\boldsymbol{a}, \boldsymbol{b}]\!] = a_1 b_2 - a_2 b_1$$

と定義する.

注意 $[\![\boldsymbol{a}, \boldsymbol{b}]\!]$ は第2章で登場する 2×2 行列の行列式に関係が深い. すなわち $\boldsymbol{a} = (a_1, a_2)$, $\boldsymbol{b} = (b_1, b_2)$ とするとき, 次式が成り立つ.

$$[\![\boldsymbol{a}, \boldsymbol{b}]\!] = \det \begin{pmatrix} a_1 & b_1 \\ a_2 & b_2 \end{pmatrix} = \det \begin{pmatrix} a_1 & a_2 \\ b_1 & b_2 \end{pmatrix}$$

問　題

1.2.1 次を示せ.

(1)　双線形性　$[\![k\boldsymbol{a} + l\boldsymbol{b}, \boldsymbol{c}]\!] = k[\![\boldsymbol{a}, \boldsymbol{c}]\!] + l[\![\boldsymbol{b}, \boldsymbol{c}]\!]$,
$[\![\boldsymbol{a}, k\boldsymbol{b} + l\boldsymbol{c}]\!] = k[\![\boldsymbol{a}, \boldsymbol{b}]\!] + l[\![\boldsymbol{a}, \boldsymbol{c}]\!]$

(2)　交代性　$[\![\boldsymbol{a}, \boldsymbol{b}]\!] = -[\![\boldsymbol{b}, \boldsymbol{a}]\!]$,　$[\![\boldsymbol{a}, \boldsymbol{a}]\!] = 0$

1.2.2 $\boldsymbol{a}, \boldsymbol{b}$ のなす角を θ とすると

$$|[\![\boldsymbol{a}, \boldsymbol{b}]\!]| = |\boldsymbol{a}||\boldsymbol{b}| \sin \theta$$

が成り立つことを示せ. (p.9 問題 1.1.6 を参照せよ.)

1.2.3 平面内の3点 $(1, 1), (2, 3), (5, 4)$ の作る三角形の面積を求めよ.

1.2.4 次を示せ.『$\boldsymbol{a}, \boldsymbol{b}$ が1次独立 $\Leftrightarrow$ $[\![\boldsymbol{a}, \boldsymbol{b}]\!] \neq 0$』

例題 1.2.1

$\boldsymbol{a}, \boldsymbol{b}$ に対して $[\![\boldsymbol{a}, \boldsymbol{b}]\!]$ はどのようなときに正, 負, 0となるか.

解答 $\boldsymbol{a} = (a_1, a_2)$ を左回りに $\pi/2$ 回転したベクトルを $\boldsymbol{c} = (-a_2, a_1)$ とすると, $\boldsymbol{c} \cdot \boldsymbol{b} = -a_2 b_1 + a_1 b_2 = [\![\boldsymbol{a}, \boldsymbol{b}]\!]$. また $\boldsymbol{c}$ と $\boldsymbol{b}$ のなす角を θ $(0 \leqq \theta \leqq \pi)$ とすると $\boldsymbol{c} \cdot \boldsymbol{b} = |\boldsymbol{c}||\boldsymbol{b}| \cos \theta$. この値が0となるのは $|\boldsymbol{c}| = 0$, $|\boldsymbol{b}| = 0$, $\theta = \pi/2$ のどれか. すなわち $\boldsymbol{a} = \boldsymbol{0}$ か $\boldsymbol{b} = \boldsymbol{0}$ あるいは $\boldsymbol{a} /\!/ \boldsymbol{b}$ のとき. 正となるのは $\boldsymbol{a} \neq \boldsymbol{0}$ かつ $\boldsymbol{b} \neq \boldsymbol{0}$ かつ $0 \leqq \theta < \pi/2$ のとき, 負となるのは $\boldsymbol{a} \neq \boldsymbol{0}$ かつ $\boldsymbol{b} \neq \boldsymbol{0}$ かつ $\pi/2 < \theta \leqq \pi$ のとき. 正となるのは $\boldsymbol{a}$ から見て $\boldsymbol{b}$ とのなす角が左回りの方が小さい場合, 負となるのは右回りの方が小さい場合である.

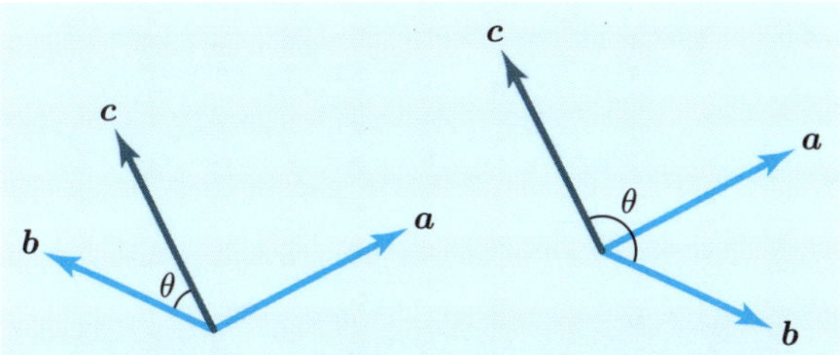

$0 \leqq \theta < \pi/2$ の例　　$\pi/2 < \theta \leqq \pi$ の例

次に 3 次元ベクトルの外積を定義する．2 次元の場合とは異なり，3 次元ベクトルの外積はスカラーではなくベクトルであることに注意しよう．

3 次元ベクトルの外積

$\boldsymbol{a} = (a_1, a_2, a_3), \boldsymbol{b} = (b_1, b_2, b_3)$ に対して，**外積**を

$$\boldsymbol{a} \times \boldsymbol{b} = (a_2b_3 - a_3b_2,\ a_3b_1 - a_1b_3,\ a_1b_2 - a_2b_1)$$

と定義する．

注意　外積の成分表示は第 2 章で登場する 3×3 行列の行列式と関係が深く，以下のような便利な覚え方ができる．$\boldsymbol{a}, \boldsymbol{b}$ の各成分を並べて次の表を作る．

$$\begin{pmatrix} + & - & + \\ a_1 & a_2 & a_3 \\ b_1 & b_2 & b_3 \end{pmatrix}$$

この表の 1 行目の $+, -, +$ に注目して

$$\begin{pmatrix} + & & \\ & a_2 & a_3 \\ & b_2 & b_3 \end{pmatrix}, \quad \begin{pmatrix} & - & \\ a_1 & & a_3 \\ b_1 & & b_3 \end{pmatrix}, \quad \begin{pmatrix} & & + \\ a_1 & a_2 & \\ b_1 & b_2 & \end{pmatrix}$$

を考える．すると外積の各成分は，それぞれに現れる符号と 2×2 行列の行列式によって以下のように計算できる．

$$\boldsymbol{a} \times \boldsymbol{b} = \left(\det \begin{pmatrix} a_2 & a_3 \\ b_2 & b_3 \end{pmatrix}, -\det \begin{pmatrix} a_1 & a_3 \\ b_1 & b_3 \end{pmatrix}, \det \begin{pmatrix} a_1 & a_2 \\ b_1 & b_2 \end{pmatrix} \right)$$

例題 1.2.2

次を示せ.

(1)　双線形性　$(k\boldsymbol{a}+l\boldsymbol{b})\times\boldsymbol{c}=k(\boldsymbol{a}\times\boldsymbol{c})+l(\boldsymbol{b}\times\boldsymbol{c})$,

$\boldsymbol{a}\times(k\boldsymbol{b}+l\boldsymbol{c})=k(\boldsymbol{a}\times\boldsymbol{b})+l(\boldsymbol{a}\times\boldsymbol{c})$

(2)　交代性　$\boldsymbol{a}\times\boldsymbol{b}=-\boldsymbol{b}\times\boldsymbol{a},\quad \boldsymbol{a}\times\boldsymbol{a}=\boldsymbol{0}$

(3)　直交性　$(\boldsymbol{a}\times\boldsymbol{b})\cdot\boldsymbol{a}=0,\ (\boldsymbol{a}\times\boldsymbol{b})\cdot\boldsymbol{b}=0$

解答　すべて成分に書き下して計算すればよい. (1), (2) は省略して (3) の第 1 式のみ証明する. $\boldsymbol{a}=(a_1,a_2,a_3)$, $\boldsymbol{b}=(b_1,b_2,b_3)$ とすると以下が示せる.

$$\begin{aligned}(\boldsymbol{a}\times\boldsymbol{b})\cdot\boldsymbol{a}&=(a_2b_3-a_3b_2,a_3b_1-a_1b_3,a_1b_2-a_2b_1)\cdot(a_1,a_2,a_3)\\&=(a_2b_3-a_3b_2)a_1+(a_3b_1-a_1b_3)a_2+(a_1b_2-a_2b_1)a_3=0\end{aligned}$$ ◆

例題 1.2.3

$\boldsymbol{a},\boldsymbol{b}\neq\boldsymbol{0}$ に対し次を示せ.『$\boldsymbol{a}\times\boldsymbol{b}=\boldsymbol{0}\ \Leftrightarrow\ \boldsymbol{a}\,/\!/\,\boldsymbol{b}$』

解答　$\boldsymbol{a}=(a_1,a_2,a_3)$, $\boldsymbol{b}=(b_1,b_2,b_3)$ とすると, $\boldsymbol{a}\times\boldsymbol{b}=\boldsymbol{0}$ は

$$a_2b_3-a_3b_2=a_3b_1-a_1b_3=a_1b_2-a_2b_1=0$$

に等しい. そこで p.11 例題 1.1.9 より, $\boldsymbol{a}\,/\!/\,\boldsymbol{b}$ が必要十分となる. ◆

問　題

1.2.5 $\boldsymbol{i}=(1,0,0)$, $\boldsymbol{j}=(0,1,0)$, $\boldsymbol{k}=(0,0,1)$ とする ($\boldsymbol{i}$, $\boldsymbol{j}$, $\boldsymbol{k}$ は座標軸方向の単位ベクトルである).

(1)　$\boldsymbol{i}\times\boldsymbol{j}$, $\boldsymbol{j}\times\boldsymbol{k}$, $\boldsymbol{k}\times\boldsymbol{i}$ を求めよ.

(2)　任意の $\boldsymbol{a}$ に対し

$$(\boldsymbol{i}\cdot\boldsymbol{a})(\boldsymbol{i}\times\boldsymbol{a})+(\boldsymbol{j}\cdot\boldsymbol{a})(\boldsymbol{j}\times\boldsymbol{a})+(\boldsymbol{k}\cdot\boldsymbol{a})(\boldsymbol{k}\times\boldsymbol{a})=\boldsymbol{0}$$

を示せ.

1.2.6 $\boldsymbol{a}$, $\boldsymbol{b}$ のなす角を θ とするとき, $\boldsymbol{a}\times\boldsymbol{b}$ の大きさは $\boldsymbol{a}$, $\boldsymbol{b}$ の張る平行 4 辺形の面積に等しい, すなわち

$$|\boldsymbol{a}\times\boldsymbol{b}|=|\boldsymbol{a}||\boldsymbol{b}|\sin\theta$$

であることを示せ.

1.2.7 $(0,0,0)$, $(3,-8,3)$, $(2,0,-6)$ の 3 点の作る三角形の面積を求めよ.

例題 1.2.4

座標空間内の 3 点を $O(0,0,0)$, $A(-\frac{3}{5}, 0, \frac{4}{5})$, $B(\frac{4}{13}, \frac{12}{13}, \frac{3}{13})$ とする．$\overrightarrow{OA}$ と $\overrightarrow{OB}$ は垂直で $|\overrightarrow{OA}| = |\overrightarrow{OB}| = 1$ である．線分 OA, OB を 2 辺に持つ立方体の頂点を求めよ．

解答 該当する立方体は 2 つある．片方の立方体の O, A, B 以外の 5 頂点を C ～ G とすると

$$\begin{aligned}
\overrightarrow{OC} &= \overrightarrow{OA} + \overrightarrow{OB} = \left(-\tfrac{19}{65}, \tfrac{60}{65}, \tfrac{67}{65}\right)\\
\overrightarrow{OD} &= \overrightarrow{OA} \times \overrightarrow{OB} = \left(-\tfrac{48}{65}, \tfrac{25}{65}, -\tfrac{36}{65}\right)\\
\overrightarrow{OE} &= \overrightarrow{OA} + \overrightarrow{OD} = \left(-\tfrac{87}{65}, \tfrac{25}{65}, \tfrac{16}{65}\right)\\
\overrightarrow{OF} &= \overrightarrow{OC} + \overrightarrow{OD} = \left(-\tfrac{67}{65}, \tfrac{85}{65}, \tfrac{31}{65}\right)\\
\overrightarrow{OG} &= \overrightarrow{OB} + \overrightarrow{OD} = \left(-\tfrac{28}{65}, \tfrac{85}{65}, -\tfrac{21}{65}\right)
\end{aligned}$$

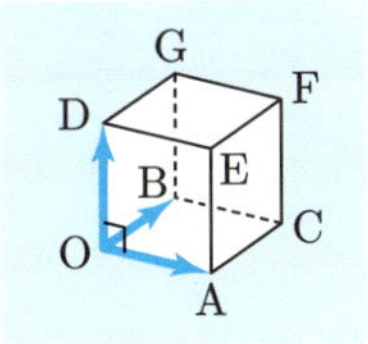

となる．もうひとつの立方体は OAB の面に関して上の立方体と対称のものである．これは上の式において，$\overrightarrow{OD} = \overrightarrow{OB} \times \overrightarrow{OA}$ とし，それに伴い E, F, G も変えることによって得られる． ◆

スカラー 3 重積

任意の $\boldsymbol{a}$, $\boldsymbol{b}$, $\boldsymbol{c}$ に対し，$\boldsymbol{a} \cdot (\boldsymbol{b} \times \boldsymbol{c})$ を**スカラー 3 重積** (scalar triple product) といい $[\![\boldsymbol{a}, \boldsymbol{b}, \boldsymbol{c}]\!]$ と表す．このとき

$$[\![\boldsymbol{a}, \boldsymbol{b}, \boldsymbol{c}]\!] = [\![\boldsymbol{b}, \boldsymbol{c}, \boldsymbol{a}]\!] = [\![\boldsymbol{c}, \boldsymbol{a}, \boldsymbol{b}]\!]$$

が成り立つ．

注意 スカラー 3 重積の成分表示は第 2 章 2.1 節で登場する 3×3 行列の行列式で表現することも可能である．すなわち $\boldsymbol{a} = (a_1, a_2, a_3)$, $\boldsymbol{b} = (b_1, b_2, b_3)$, $\boldsymbol{c} = (c_1, c_2, c_3)$ に対し次式が成り立つ．

$$[\![\boldsymbol{a}, \boldsymbol{b}, \boldsymbol{c}]\!] = \det \begin{bmatrix} a_1 & b_1 & c_1 \\ a_2 & b_2 & c_2 \\ a_3 & b_3 & c_3 \end{bmatrix} = \det \begin{bmatrix} a_1 & a_2 & a_3 \\ b_1 & b_2 & b_3 \\ c_1 & c_2 & c_3 \end{bmatrix}$$

例題 1.2.5

任意の $\boldsymbol{a}$, $\boldsymbol{b}$, $\boldsymbol{c}$ に対し，$[\![\boldsymbol{a}, \boldsymbol{b}, \boldsymbol{c}]\!] = [\![\boldsymbol{b}, \boldsymbol{c}, \boldsymbol{a}]\!] = [\![\boldsymbol{c}, \boldsymbol{a}, \boldsymbol{b}]\!]$ を示せ．

解答 左側の等式のみ示す．$\boldsymbol{a} = (a_1, a_2, a_3)$, $\boldsymbol{b} = (b_1, b_2, b_3)$, $\boldsymbol{c} = (c_1, c_2, c_3)$ とする．このとき

$$\begin{aligned}[\![\boldsymbol{a}, \boldsymbol{b}, \boldsymbol{c}]\!] &= \boldsymbol{a} \cdot (\boldsymbol{b} \times \boldsymbol{c}) \\ &= (a_1, a_2, a_3) \cdot (b_2c_3 - b_3c_2, b_3c_1 - b_1c_3, b_1c_2 - b_2c_1) \\ &= a_1b_2c_3 - a_1b_3c_2 + a_2b_3c_1 - a_2b_1c_3 + a_3b_1c_2 - a_3b_2c_1 \\ &= (b_1, b_2, b_3) \cdot (c_2a_3 - c_3a_2, c_3a_1 - c_1a_3, c_1a_2 - c_2a_1) \\ &= \boldsymbol{b} \cdot (\boldsymbol{c} \times \boldsymbol{a}) = [\![\boldsymbol{b}, \boldsymbol{c}, \boldsymbol{a}]\!]\end{aligned}$$

◆

問 題

1.2.8 次を示せ．

(1) 重線形性
$$\begin{aligned}&[\![k\boldsymbol{a}_1 + l\boldsymbol{a}_2, \boldsymbol{b}, \boldsymbol{c}]\!] = k[\![\boldsymbol{a}_1, \boldsymbol{b}, \boldsymbol{c}]\!] + l[\![\boldsymbol{a}_2, \boldsymbol{b}, \boldsymbol{c}]\!], \\ &[\![\boldsymbol{a}, k\boldsymbol{b}_1 + l\boldsymbol{b}_2, \boldsymbol{c}]\!] = k[\![\boldsymbol{a}, \boldsymbol{b}_1, \boldsymbol{c}]\!] + l[\![\boldsymbol{a}, \boldsymbol{b}_2, \boldsymbol{c}]\!], \\ &[\![\boldsymbol{a}, \boldsymbol{b}, k\boldsymbol{c}_1 + l\boldsymbol{c}_2]\!] = k[\![\boldsymbol{a}, \boldsymbol{b}, \boldsymbol{c}_1]\!] + l[\![\boldsymbol{a}, \boldsymbol{b}, \boldsymbol{c}_2]\!]\end{aligned}$$

(2) 完全交代性 $[\![\boldsymbol{a}, \boldsymbol{b}, \boldsymbol{c}]\!] = -[\![\boldsymbol{b}, \boldsymbol{a}, \boldsymbol{c}]\!] = -[\![\boldsymbol{a}, \boldsymbol{c}, \boldsymbol{b}]\!] = -[\![\boldsymbol{c}, \boldsymbol{b}, \boldsymbol{a}]\!]$

例題 1.2.6

次を示せ．『$\boldsymbol{a}$, $\boldsymbol{b}$, $\boldsymbol{c}$ が1次独立 $\Leftrightarrow$ $[\![\boldsymbol{a}, \boldsymbol{b}, \boldsymbol{c}]\!] \neq 0$』

解答 p.17 例題 1.2.5 の答よりスカラー3重積を成分表示すると $[\![\boldsymbol{a}, \boldsymbol{b}, \boldsymbol{c}]\!] = a_1b_2c_3 - a_1b_3c_2 + a_2b_3c_1 - a_2b_1c_3 + a_3b_1c_2 - a_3b_2c_1$ となる．このことと p.12 問題 1.1.11 (3) から題意は明らか． ◆

問 題

1.2.9 $[\![\boldsymbol{a}_1 + \boldsymbol{a}_2, \boldsymbol{b}_1 + \boldsymbol{b}_2, \boldsymbol{c}_1 + \boldsymbol{c}_2]\!]$ を展開し，$[\![\boldsymbol{a}_i, \boldsymbol{b}_j, \boldsymbol{c}_k]\!]$ $(i, j, k = 1, 2)$ の和で表せ．

注意 1次独立なベクトル $\boldsymbol{a}$, $\boldsymbol{b}$, $\boldsymbol{c}$ に対して，例題 1.2.6 よりスカラー3重積 $[\![\boldsymbol{a}, \boldsymbol{b}, \boldsymbol{c}]\!]$ は0でないので正か負であり，右手系か左手系となる．

右手系と左手系

3つのベクトル $\boldsymbol{a}$, $\boldsymbol{b}$, $\boldsymbol{c}$ に対して $[\![\boldsymbol{a}, \boldsymbol{b}, \boldsymbol{c}]\!]$ が正のとき，$\boldsymbol{a}$, $\boldsymbol{b}$, $\boldsymbol{c}$ はこの順で**右手系** (right-handed system) をなすといい，負のとき**左手系** (left-handed system) をなすという．

注意　p.18 問題 1.2.8 からわかるように，$\boldsymbol{a}$, $\boldsymbol{b}$, $\boldsymbol{c}$ が右手系か左手系かは，3 つのベクトルの並び方に依存している．

例題 1.2.7

(1)　$\boldsymbol{i} = (1, 0, 0)$, $\boldsymbol{j} = (0, 1, 0)$, $\boldsymbol{k} = (0, 0, 1)$ とするとき $\boldsymbol{i}$, $\boldsymbol{j}$, $\boldsymbol{k}$ はこの順で右手系か左手系か．

(2)　$\boldsymbol{a}$, $\boldsymbol{b}$ が 1 次独立なとき，$\boldsymbol{a}$, $\boldsymbol{b}$, $\boldsymbol{a} \times \boldsymbol{b}$ はこの順で右手系か左手系か．

解答　(1)　$[\![\boldsymbol{i}, \boldsymbol{j}, \boldsymbol{k}]\!] = 1 > 0$ なので右手系．

(2)　$[\![\boldsymbol{a}, \boldsymbol{b}, \boldsymbol{a} \times \boldsymbol{b}]\!] = |\boldsymbol{a} \times \boldsymbol{b}|^2 > 0$ なので右手系．◆

問　題

1.2.10　次の 3 つのベクトルを順に $\boldsymbol{a}$, $\boldsymbol{b}$, $\boldsymbol{c}$ とする．$\boldsymbol{a}$, $\boldsymbol{b}$, $\boldsymbol{c}$ はこの順で右手系か左手系か．

(1)　$(1, 0, 1)$, $(0, 1, -1)$, $(1, 1, 1)$

(2)　$(1, 0, 1)$, $(0, -1, 1)$, $(1, 1, 1)$

(3)　$(1, 0, 1)$, $(0, 1, -1)$, $(1, 1, 0)$

右手系と左手系（補足）

空間内に 3 つの 1 次独立なベクトル $\boldsymbol{a}$, $\boldsymbol{b}$, $\boldsymbol{c}$ を考える．この 3 つのベクトルに対し，下図のように右手の親指・人差し指・中指の順に $\boldsymbol{a}$, $\boldsymbol{b}$, $\boldsymbol{c}$ をあてることができるとき，$\boldsymbol{a}$, $\boldsymbol{b}$, $\boldsymbol{c}$ はこの順に右手系をなすことが以下のようにしてわかる．

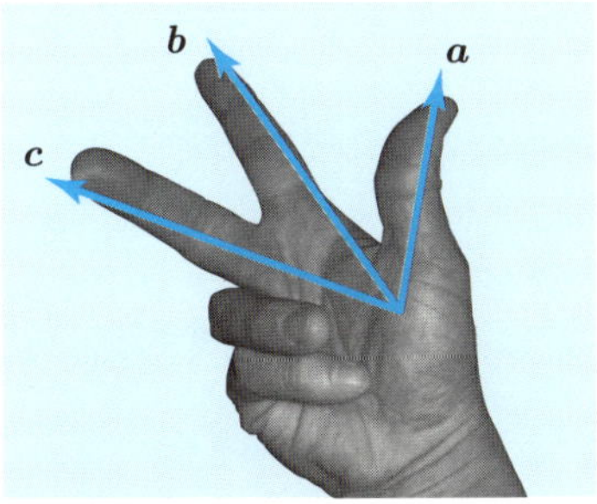

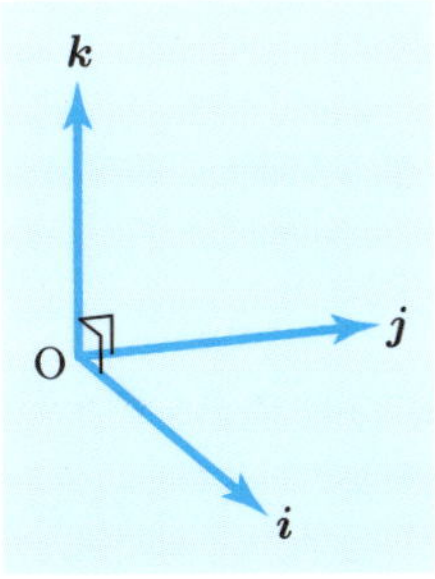

まず，$\boldsymbol{a}$, $\boldsymbol{b}$, $\boldsymbol{c}$ は 1 次独立であるので，どれも零ベクトルでなく，どの 2 つも平行でなく，3 つは同一平面内にない．いま，3 つのベクトルを 1 次独立性を保ったまま，それらの長さや向きを連続的に変化させる．$\boldsymbol{a}$, $\boldsymbol{b}$, $\boldsymbol{c}$ がこの順で右手の親指・人差し指・中指の関係にあるとき，1 次独立性を保ったままならばどのように長さや向きを変化させても左手の親指・人差し指・中指の関係に変えることはできない．

さらに，p.17 例題 1.2.5 の答に示すように $[\![\boldsymbol{a}, \boldsymbol{b}, \boldsymbol{c}]\!]$ はベクトルの成分の多項式で表せ，上記の連続的な変化によって値は連続的に変わっていく．このとき p.18 例題 1.2.6 より $[\![\boldsymbol{a}, \boldsymbol{b}, \boldsymbol{c}]\!]$ が 0 でないことと 1 次独立性は等価な条件なので，$[\![\boldsymbol{a}, \boldsymbol{b}, \boldsymbol{c}]\!]$ の符号は変わらない．もし最初の $\boldsymbol{a}$, $\boldsymbol{b}$, $\boldsymbol{c}$ を右手であてることができるなら，連続的な変化で $\boldsymbol{a}$, $\boldsymbol{b}$, $\boldsymbol{c}$ をそれぞれ $\boldsymbol{i}$, $\boldsymbol{j}$, $\boldsymbol{k}$ に変えることができる．p.19 例題 1.2.7 (1) より $[\![\boldsymbol{i}, \boldsymbol{j}, \boldsymbol{k}]\!] > 0$ であり，したがって $[\![\boldsymbol{a}, \boldsymbol{b}, \boldsymbol{c}]\!] > 0$ すなわち右手系となる．左手系の場合も同様．

これまでの説明から，外積 $\boldsymbol{a} \times \boldsymbol{b}$ は次のようなベクトルであることがわかる．

外積 $\boldsymbol{a} \times \boldsymbol{b}$ の幾何的な定義

$\boldsymbol{a}$, $\boldsymbol{b}$ が 1 次独立のとき，$\boldsymbol{a} \times \boldsymbol{b}$ の大きさは $\boldsymbol{a}$, $\boldsymbol{b}$ の張る平行 4 辺形の面積に等しく，$\boldsymbol{a} \times \boldsymbol{b}$ の向きは $\boldsymbol{a}$ と $\boldsymbol{b}$ の両方に垂直，かつ，$\boldsymbol{a}$, $\boldsymbol{b}$, $\boldsymbol{a} \times \boldsymbol{b}$ がこの順で右手系をなす．$\boldsymbol{a}$, $\boldsymbol{b}$ が 1 次従属のときは $\boldsymbol{a} \times \boldsymbol{b} = \boldsymbol{0}$ となる．以上の性質によって $\boldsymbol{a} \times \boldsymbol{b}$ を定義することもできる．

問題

1.2.11 3 つの空間ベクトル $\boldsymbol{a}$, $\boldsymbol{b}$, $\boldsymbol{c}$ の張る平行 6 面体（次ページ図）の体積をスカラー 3 重積によって表せ．

ヒント $\boldsymbol{b}$, $\boldsymbol{c}$ の張る平行 4 辺形を平行 6 面体の底面であるとし，底面積と高さを求める．

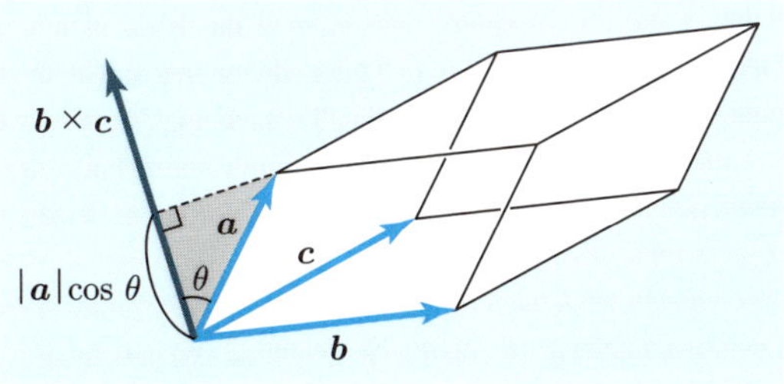

1.2.12 座標空間内の 4 点 O(0, 0, 0), A(1, 0, 1), B(0, 1, −1), C(1, 1, 1) を頂点とする 4 面体の体積を求めよ．

1.3 直線，平面の方程式

ここでは平面や空間の基本的な図形について，式による表現を学ぶ．登場するのは平面では直線，空間では直線と平面である．図形の表現には，図形内の任意の点の位置を媒介変数で表したり，方程式の解として表したりする方法がある．場合に応じてそれら表現方法を使い分けることが大事であり，例題や問題で慣れていってほしい．

平面内の直線の表現

媒介変数表示

平面内に点 A を考え，ベクトル $\boldsymbol{l}$ $(\neq \mathbf{0})$ が与えられているとする．実数 t を動かして

$$\overrightarrow{\mathrm{AP}} = t\boldsymbol{l}$$

で得られる点 P 全体は A を通り $\boldsymbol{l}$ に平行な直線となる．また原点を O とするとき，$\overrightarrow{\mathrm{OA}} + t\boldsymbol{l}$ という位置ベクトルが表す点全体も同じ直線となる．$\boldsymbol{l}$ を直線の**方向ベクトル** (direction vector) といい，t を**媒介変数** (parameter) という．

ベクトルの方程式

点 A を考え，ベクトル $\boldsymbol{n}$ $(\neq \mathbf{0})$ が与えられているとする．

$\overrightarrow{\mathrm{AP}} \cdot \boldsymbol{n} = 0$ を満たす点 P 全体は，A を通り $\boldsymbol{n}$ に垂直な直線となる．この式は $\overrightarrow{\mathrm{OP}} \cdot \boldsymbol{n} = \overrightarrow{\mathrm{OA}} \cdot \boldsymbol{n}$ (= 一定) と位置ベクトルの形で書き換えることもできる．$\boldsymbol{n}$ を直線の**法線ベクトル** (normal vector) という．

座標の方程式

(1) 点 $\mathrm{A}(a_1, a_2)$ およびベクトル $\boldsymbol{l} = (l_1, l_2)$ $(l_1,\ l_2 \neq 0)$ を考える．方程式

$$\frac{x - a_1}{l_1} = \frac{y - a_2}{l_2}$$

を満たす点 (x, y) の全体は，A を通り $\boldsymbol{l}$ に平行な直線となる．

(2) (1) の方程式を $l_2(x - a_1) = l_1(y - a_2)$ と書き換えると，さらに $l_1 = 0,\ l_2 \neq 0$ あるいは $l_1 \neq 0,\ l_2 = 0$ の場合でも直線を表している．このとき A を通り y 軸（x 軸）に平行な直線 $x = a_1$ $(y = a_2)$ となる．

(3) 点 $\mathrm{A}(a_1, a_2)$ およびベクトル $\boldsymbol{n} = (n_1, n_2)$ $(\neq \boldsymbol{0})$ を考える．方程式 $n_1(x - a_1) + n_2(y - a_2) = 0$ を満たす点 (x, y) 全体は，A を通り $\boldsymbol{n}$ に垂直な直線となる．

(4) 平面内の任意の直線は方程式 $ax + by + c = 0$ $(a^2 + b^2 \neq 0)$ によって表すことができる．

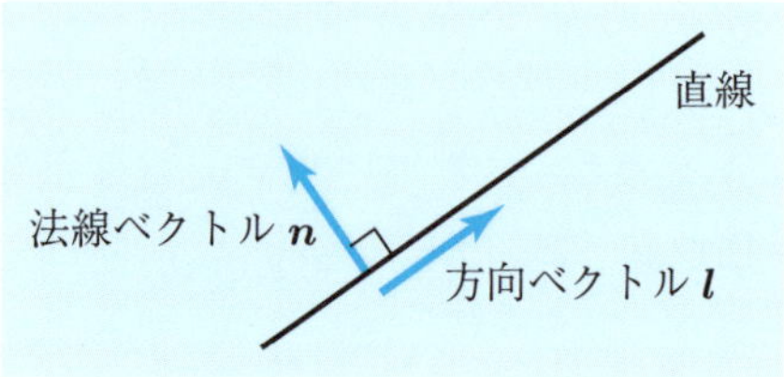

注意　直線の方向ベクトルを $\boldsymbol{l} = (l_1, l_2)$ とすると，たとえば $(-l_2, l_1)$ が法線ベクトル $\boldsymbol{n}$ となる．さらに点 A, P の座標をそれぞれ (a_1, a_2), (x, y) とし，ベクトルの方程式における内積を展開すれば，座標の方程式に変わる．また媒介変数表示についても，媒介変数を消去すればやはり座標の方程式が得られる．すなわち上記の直線のいろいろな表現方法はどれも本質的に同じである．

問 題

1.3.1 $l_1, l_2 \neq 0$ のとき $\dfrac{x-a_1}{l_1} = \dfrac{y-a_2}{l_2}$ が点 (a_1, a_2) を通り $\boldsymbol{l} = (l_1, l_2)$ に平行な直線を表すことを示せ．

例題 1.3.1

異なる 2 点 $\mathrm{A}(a_1, a_2)$, $\mathrm{B}(b_1, b_2)$ を通る直線を式で表せ．

解答 $\overrightarrow{\mathrm{AB}} = (b_1 - a_1, b_2 - a_2)$ が直線の方向ベクトルとなる．媒介変数で表すなら，直線上の任意の点を P として

$$\overrightarrow{\mathrm{AP}} = t\,\overrightarrow{\mathrm{AB}} \quad \text{あるいは} \quad \overrightarrow{\mathrm{OP}} = \overrightarrow{\mathrm{OA}} + t\,\overrightarrow{\mathrm{AB}} = (1-t)\overrightarrow{\mathrm{OA}} + t\,\overrightarrow{\mathrm{OB}}$$

である．座標の方程式で表すなら

$$(b_2 - a_2)(x - a_1) = (b_1 - a_1)(y - a_2)$$

さらに $a_1 \neq b_1$ かつ $a_2 \neq b_2$ の場合は $\dfrac{x-a_1}{b_1-a_1} = \dfrac{y-a_2}{b_2-a_2}$ でも構わない． ◆

問 題

1.3.2 異なる 2 点 $\mathrm{A}(a_1, a_2)$, $\mathrm{B}(b_1, b_2)$ を考える．A を通り直線 AB と直交する直線を式で表せ．

例題 1.3.2

$a^2 + b^2 \neq 0$ のとき直線 $ax + by + c = 0$ の方向ベクトルと法線ベクトルを求めよ．

解答 $a \neq 0$ とすると与式は

$$a\left(x + \frac{c}{a}\right) + by = 0$$

となるので，法線ベクトルは (a, b) で，方向ベクトルは $(-b, a)$．$b \neq 0$ のときも同様． ◆

問 題

1.3.3 2 直線 $2x + y - 7 = 0$, $-3x + y + 5 = 0$ のなす角 θ を求めよ．

1.3.4 $\overrightarrow{\mathrm{OA}}$, $\overrightarrow{\mathrm{OB}}$ は 1 次独立とし，$\overrightarrow{\mathrm{OC}} = a\,\overrightarrow{\mathrm{OA}} + b\,\overrightarrow{\mathrm{OB}}$ とする．A, B を通る直線上に C が存在するための条件を求めよ．

例題 1.3.3

(1) 位置ベクトル $\boldsymbol{a}+t\boldsymbol{b}$（$t$ は媒介変数）で表された点が直線を表すための $\boldsymbol{a}$, $\boldsymbol{b}$ に対する条件を求めよ．

(2) 方程式 $ax+by+c=0$ が直線を表すための a, b, c に対する条件を求めよ．

解答 (1) $\boldsymbol{b}=\boldsymbol{0}$ とすると位置ベクトルが $\boldsymbol{a}$ に等しい1点のみしか表せない．$\boldsymbol{b} \neq \boldsymbol{0}$ なら $\boldsymbol{a}$ の点を通り $\boldsymbol{b}$ に平行な直線となる．したがって $\boldsymbol{b} \neq \boldsymbol{0}$．

(2) $a=b=0$ のとき，$c=0$ でない限り与式が成立せず，$c=0$ のときは任意の (x,y) で与式が成立するので直線にならない．逆に $a=b=0$ でないときは p.23 例題 1.3.2 より方向ベクトル $(-b,a)$ の直線を表す．したがって $a^2+b^2 \neq 0$ ($a \neq 0$ または $b \neq 0$). ◆

例題 1.3.4

(1) s, t を媒介変数として位置ベクトル $\boldsymbol{a}+s\boldsymbol{b}$, $\boldsymbol{\alpha}+t\boldsymbol{\beta}$ で表された直線が同じであるための条件を求めよ．

(2) 2つの方程式 $ax+by+c=0$, $\alpha x+\beta y+\gamma=0$ が同じ直線を表すための条件を求めよ．

解答 (1) 同じ直線を表すなら，それぞれの方向ベクトルは平行であることが必要．よって，$\boldsymbol{b} /\!/ \boldsymbol{\beta}$ を得る．あとは2つの直線が1点でも同じ点を通ればよい．$\boldsymbol{\alpha}+t\boldsymbol{\beta}$ は $t=0$ のとき位置ベクトル $\boldsymbol{\alpha}$ の点を通る．したがって

$$\boldsymbol{\alpha}=\boldsymbol{a}+s\boldsymbol{b}$$

となる s が存在すればよい．書き換えると $\boldsymbol{\alpha}-\boldsymbol{a}=s\boldsymbol{b}$ なので，$\boldsymbol{\alpha}-\boldsymbol{a}=\boldsymbol{0}$ か $(\boldsymbol{\alpha}-\boldsymbol{a}) /\!/ \boldsymbol{b}$ であればよい．結局求める条件は $\boldsymbol{b} /\!/ \boldsymbol{\beta}$，かつ，$\boldsymbol{\alpha}=\boldsymbol{a}$ もしくは $(\boldsymbol{\alpha}-\boldsymbol{a}) /\!/ \boldsymbol{b}$.

(2) 同じ直線を表すなら法線ベクトルは平行であり，$(a,b)=k(\alpha,\beta)$ となる0でない実数 k が存在する．このとき

$$ax+by+c=k\left(\alpha x+\beta y+\frac{c}{k}\right)$$

より，$ax+by+c=0$ を満たす点 (x,y) は同時に $\alpha x+\beta y+\frac{c}{k}=0$ を満たす．この直線が $\alpha x+\beta y+\gamma=0$ と一致するには，$c=k\gamma$ が必要十分である．以上から求める条件は，$a=k\alpha$, $b=k\beta$, $c=k\gamma$ を同時に満たす k が存在することである．◆

問　題

1.3.5　媒介変数表示 $\boldsymbol{a}+t\boldsymbol{b}$ と座標の方程式 $\alpha x+\beta y+\gamma=0$ が同じ直線を表すための条件を求めよ．

平面内の点と直線の距離

点 Q と直線 L が与えられているとする．L 上の点 P と Q との距離（線分 PQ の長さ）の最小値を点 Q と直線 L の**距離** (distance) という．

例題 1.3.5

(1)　2 次元ベクトル $\boldsymbol{a}, \boldsymbol{b}$ が与えられており，$\boldsymbol{a}, \boldsymbol{b} \neq \boldsymbol{0}$ かつ両者は平行でないとする．ベクトル $\boldsymbol{a}+t\boldsymbol{b}$ の大きさを最小にする t を求めよ．またこの t に対して $\boldsymbol{a}+t\boldsymbol{b}$ と $\boldsymbol{b}$ は垂直であることを示せ．

(2)　直線 L と L 上にない点 Q が与えられているとする．Q からの距離が最も小さい L 上の点は，Q から L に下ろした垂線の足であることを示せ．

解答　(1)　$|\boldsymbol{a}+t\boldsymbol{b}|^2$ は

$$\begin{aligned}|\boldsymbol{a}+t\boldsymbol{b}|^2 &= |\boldsymbol{b}|^2t^2+2(\boldsymbol{a}\cdot\boldsymbol{b})t+|\boldsymbol{a}|^2\\ &= |\boldsymbol{b}|^2\left(t+\frac{\boldsymbol{a}\cdot\boldsymbol{b}}{|\boldsymbol{b}|^2}\right)^2+|\boldsymbol{a}|^2-\frac{(\boldsymbol{a}\cdot\boldsymbol{b})^2}{|\boldsymbol{b}|^2}\end{aligned}$$

となる．したがって $t+(\boldsymbol{a}\cdot\boldsymbol{b})/|\boldsymbol{b}|^2=0$ のとき，つまり $t=-(\boldsymbol{a}\cdot\boldsymbol{b})/|\boldsymbol{b}|^2$ のときに最小値をとる．このとき

$$(\boldsymbol{a}+t\boldsymbol{b})\cdot\boldsymbol{b}=\left(\boldsymbol{a}-\frac{\boldsymbol{a}\cdot\boldsymbol{b}}{|\boldsymbol{b}|^2}\boldsymbol{b}\right)\cdot\boldsymbol{b}=0$$

したがってこのときの $\boldsymbol{a}+t\boldsymbol{b}$ と $\boldsymbol{b}$ は垂直である．

(2)　直線 L 上の任意の点を P とし，P の位置ベクトルを $\boldsymbol{a}+t\boldsymbol{l}$ と表す．点 Q の位置ベクトルを $\boldsymbol{q}$ とすると $\overrightarrow{\mathrm{QP}}=\boldsymbol{a}-\boldsymbol{q}+t\boldsymbol{l}$ であり，$\boldsymbol{a}-\boldsymbol{q}, \boldsymbol{l} \neq \boldsymbol{0}$ で両者は平行でない．よって (1) より $|\overrightarrow{\mathrm{QP}}|$ は $t=-(\boldsymbol{a}-\boldsymbol{q})\cdot\boldsymbol{l}/|\boldsymbol{l}|^2$ のとき最小値をとり，このとき $\overrightarrow{\mathrm{QP}}$ は $\boldsymbol{l}$ に垂直となる，すなわち P は垂線の足となる．◆

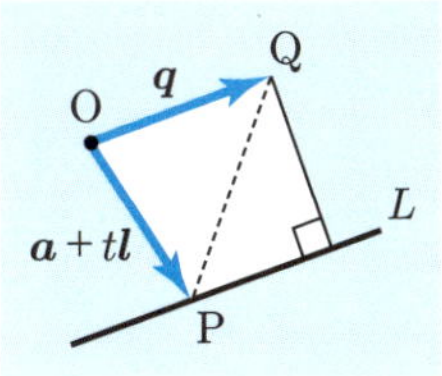

問　題

1.3.6 直線 $ax+by+c=0$ と点 (p,q) の距離が $\dfrac{|ap+bq+c|}{\sqrt{a^2+b^2}}$ に等しいことを示せ．

空間内の直線の表現

媒介変数表示

空間内に点 A を考え，ベクトル $\boldsymbol{l}$ $(\neq \boldsymbol{0})$ が与えられているとする．実数 t を動かして $\overrightarrow{\mathrm{AP}} = t\boldsymbol{l}$ で得られる点 P 全体は A を通り $\boldsymbol{l}$ に平行な直線となる．また原点を O とするとき，$\overrightarrow{\mathrm{OA}} + t\boldsymbol{l}$ という位置ベクトルが表す点全体も同じ直線となる．平面内の直線と同様に $\boldsymbol{l}$ を直線の**方向ベクトル**，t を**媒介変数**という．

座標の方程式

点 $\mathrm{A}(a_1,a_2,a_3)$ およびベクトル $\boldsymbol{l}=(l_1,l_2,l_3)$ $(\neq \boldsymbol{0})$ を考える．以下の方程式を満たす点 (x,y,z) の全体は，A を通り $\boldsymbol{l}$ に平行な直線となる．

(1)　$l_1,\ l_2,\ l_3$ がすべて 0 でない場合

$$\frac{x-a_1}{l_1} = \frac{y-a_2}{l_2} = \frac{z-a_3}{l_3}$$

(2)　$l_1=0,\ l_2\neq 0,\ l_3\neq 0$ の場合

$$x=a_1 \quad \text{かつ} \quad \frac{y-a_2}{l_2} = \frac{z-a_3}{l_3}$$

(3)　$l_1=l_2=0,\ l_3\neq 0$ の場合

$$x=a_1 \quad \text{かつ} \quad y=a_2 \quad \text{かつ} \quad z\ \text{任意}$$

なお，他の場合，たとえば $l_1\neq 0,\ l_2=0,\ l_3\neq 0$ の場合なども同様の方程式が導かれるが省略する．

注意　空間内の直線に垂直なベクトルは1つに定まらず，垂直なベクトルを1つ指定しただけでは直線の方向が決められない．しかし直線に垂直な平面を指定すれば方向が決まる．

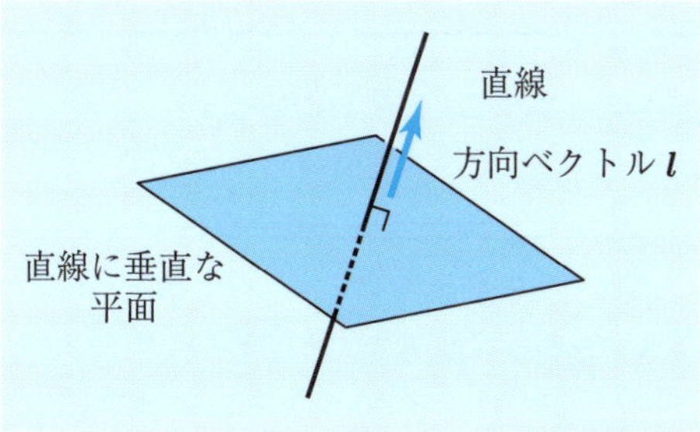

問　題

1.3.7　方程式

$$\frac{x-a_1}{l_1}=\frac{y-a_2}{l_2}=\frac{z-a_3}{l_3}$$

が点 (a_1,a_2,a_3) を通り $\boldsymbol{l}=(l_1,l_2,l_3)$ に平行な直線を表すことを示せ．

1.3.8　異なる 2 点 $\mathrm{A}(a_1,a_2,a_3)$, $\mathrm{B}(b_1,b_2,b_3)$ を通る直線を式で表せ．

1.3.9　(1)　2 点 $(1,2,3)$, $(2,1,1)$ を通る直線について座標の方程式を求めよ．

(2)　点 $(1,2,3)$ を通り，方向ベクトルが $(1,0,3)$ の直線について座標の方程式を求めよ．

(3)　(1) と (2) の直線がなす角の余弦を求めよ．

1.3.10　(1)　$\boldsymbol{a}+t\boldsymbol{b}$, $\boldsymbol{\alpha}+s\boldsymbol{\beta}$（$t$, s 任意）が同じ直線の媒介変数表示となるための条件を求めよ．

(2)　座標の方程式

$$\frac{x-a_1}{b_1}=\frac{y-a_2}{b_2}=\frac{z-a_3}{b_3}\quad と \quad \frac{x-\alpha_1}{\beta_1}=\frac{y-\alpha_2}{\beta_2}=\frac{z-\alpha_3}{\beta_3}$$

が同じ直線を表すための条件を求めよ．

1.3.11　媒介変数表示 $\boldsymbol{a}+t\boldsymbol{b}$ と座標の方程式 $\dfrac{x-\alpha_1}{\beta_1}=\dfrac{y-\alpha_2}{\beta_2}=\dfrac{z-\alpha_3}{\beta_3}$ で表された直線が同じであるための条件を求めよ．

空間内の点と直線の距離

空間内の点 Q と直線 L の**距離**は，L 上の点 P と Q との距離の最小値で定義する．

例題 1.3.6

空間内の点と直線の距離に関する上の定義から，最小値を与える P は Q から L に下ろした垂線の足になることを示せ．

解答　P の位置ベクトルを媒介変数表示で $\boldsymbol{a}+t\boldsymbol{l}$ と表し，Q の位置ベクトルを $\boldsymbol{q}$ とすれば，p.25 例題 1.3.5 と同様に証明できる．

補足　例題 1.3.5 (1) の性質は 3 次元ベクトルでも成り立つ．すなわち 3 次元ベクトル $\boldsymbol{a}, \boldsymbol{b}$ （$\boldsymbol{a}, \boldsymbol{b} \neq \boldsymbol{0}$ かつ両者は平行でない）に対して $\boldsymbol{a}+t\boldsymbol{b}$ の大きさを最小にする t は $t=-(\boldsymbol{a}\cdot\boldsymbol{b})/|\boldsymbol{b}|^2$ であり，このとき $\boldsymbol{a}+t\boldsymbol{b}$ は $\boldsymbol{b}$ に垂直となる．

問　題

1.3.12　直線 $x=y=z$ と点 $\mathrm{Q}(a,b,c)$ の距離を求めよ．

空間内の 2 つの直線の関係

空間内の 2 つの直線の関係は次の 4 つのうちのいずれかである．

	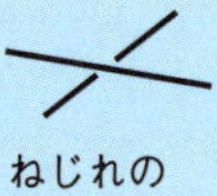 ねじれの位置にある	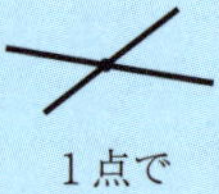 1 点で交わる	 平行で一致しない	 一致する
交わるか	no	yes	no	yes
平行か	no	no	yes	yes
同一平面内か	no	yes	yes	yes

問　題

1.3.13　次の直線が直線 $x=y=z$ と同一平面内にあるかどうかを答えよ．

(1)　$3x=2y,\ z=0$　　(2)　$x-1=y+2=z$

(3)　$x-1=y+2=-z$

1.3.14　(1)　次を示せ．『2 つの直線が同一平面内にない $\Leftrightarrow$ それぞれの直線から任意に 2 点ずつ選んだ合計 4 点が作る 4 面体の体積が 0 でない』

(2)　$x=y=z$ と $\dfrac{x-a_1}{b_1}=\dfrac{y-a_2}{b_2}=\dfrac{z-a_3}{b_3}$ が同一平面にないための条件を求めよ．

空間内の 2 つの直線の距離

直線 L_1 と直線 L_2 の**距離**は，直線 L_1 上の点と直線 L_2 上の点の距離の最小値に等しいとする．

例題 1.3.7

交わらない 2 直線 L_1, L_2 上の点をそれぞれ P, Q とする．線分 PQ の長さが最小になるとき，P, Q はどちらも相手方の直線に下ろした垂線の足であることを示せ．(すなわち線分 PQ は L_1, L_2 の共通法線となる．)

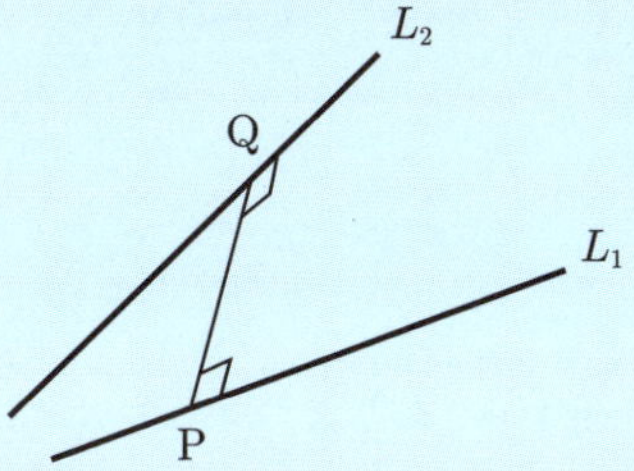

解答　まず，L_1, L_2 はそれぞれ位置ベクトル $\boldsymbol{a}$, $\boldsymbol{b}$ の点を通り，方向ベクトルが $\boldsymbol{\alpha}$, $\boldsymbol{\beta}$ の直線であるとする．Q の位置ベクトルを $\boldsymbol{q}$ とし，Q を固定して P を動かしたとき，$\overrightarrow{\mathrm{PQ}}$ の大きさが最小となるときは p.28 例題 1.3.6 より

$$\overrightarrow{\mathrm{PQ}} = \boldsymbol{a} - \boldsymbol{q} - \frac{(\boldsymbol{a}-\boldsymbol{q})\cdot\boldsymbol{\alpha}}{|\boldsymbol{\alpha}|^2}\boldsymbol{\alpha}$$

である．このベクトルは $\boldsymbol{\alpha}$ に垂直である．さらに $\boldsymbol{q} = \boldsymbol{b} + s\boldsymbol{\beta}$ とおくと

$$\overrightarrow{\mathrm{PQ}} = \underbrace{\boldsymbol{a} - \boldsymbol{b} - \frac{(\boldsymbol{a}-\boldsymbol{b})\cdot\boldsymbol{\alpha}}{|\boldsymbol{\alpha}|^2}\boldsymbol{\alpha}}_{\boldsymbol{c}} + s\underbrace{\left(\frac{\boldsymbol{\alpha}\cdot\boldsymbol{\beta}}{|\boldsymbol{\alpha}|^2}\boldsymbol{\alpha} - \boldsymbol{\beta}\right)}_{\boldsymbol{\gamma}}$$

となる．Q を動かして（s を変えて）この $\overrightarrow{\mathrm{PQ}}$ の大きさが最小となるとき，$\overrightarrow{\mathrm{PQ}}$ は再び p.28 例題 1.3.6 より $\boldsymbol{\gamma}$ に垂直である．結局 L_1, L_2 上で P, Q を自由に動かして $\overrightarrow{\mathrm{PQ}}$ の大きさが最小となるとき，$\overrightarrow{\mathrm{PQ}}$ は $\boldsymbol{\alpha}$ および $\boldsymbol{\gamma}$ に垂直となるので，$\boldsymbol{\alpha}$ と $\boldsymbol{\beta}$ が平行でないときその向きは外積を用いて

$$\boldsymbol{\alpha}\times\boldsymbol{\gamma} = \boldsymbol{\alpha}\times\left(\frac{\boldsymbol{\alpha}\cdot\boldsymbol{\beta}}{|\boldsymbol{\alpha}|^2}\boldsymbol{\alpha} - \boldsymbol{\beta}\right) = \boldsymbol{\alpha}\times\boldsymbol{\beta}$$

となり，$\boldsymbol{\alpha}, \boldsymbol{\beta}$ の両方に垂直であることがわかる．また，$\boldsymbol{\alpha} /\!/ \boldsymbol{\beta}$ のとき，すなわち L_1, L_2 が平行のときは $\boldsymbol{\gamma} = \mathbf{0}$ となり $\overrightarrow{\mathrm{PQ}} = \boldsymbol{c}$ となるが，$\boldsymbol{c}$ と $\boldsymbol{\alpha}$ は垂直なのでやはり L_1, L_2 に垂直である． ◆

例題 1.3.8

2 直線 $L_1 : x = y = z$, $L_2 : x - 1 = -y + 1 = z$ の距離 d を求めよ．

解答 p.28 問題 1.3.12 の (a, b, c) へ L_2 上の点の座標 $(t+1, 1-t, t)$ を代入すると

$$d^2 = \frac{8}{3}\left(t - \frac{1}{4}\right)^2 + \frac{1}{2}$$

となり，$t = 1/4$ のときに最小となるので $d = 1/\sqrt{2}$.

別解1 L_1 上の点は (s, s, s)，L_2 上の点は $(t+1, 1-t, t)$ とおける．両点の距離の 2 乗は

$$d^2 = (t+1-s)^2 + (1-t-s)^2 + (t-s)^2 = 3\left(t - \frac{s}{3}\right)^2 + \frac{8}{3}\left(s - \frac{3}{4}\right)^2 + \frac{1}{2}$$

となり，$t - s/3 = 0$, $s - 3/4 = 0$ のとき，つまり $s = 3/4$, $t = 1/4$ のときに最小となるので $d = 1/\sqrt{2}$.

別解2 p.29 例題 1.3.7 を参照．L_1, L_2 の共通法線の方向ベクトルは，$(1, 1, 1) \times (1, -1, 1) = (2, 0, -2)$ である．共通法線が L_1 上の点 (s, s, s) を通るとすると，共通法線上の任意の点は $(s, s, s) + t(2, 0, -2)$ とおける．これが L_2 上にあるので

$$s + 2t - 1 = -s + 1 = s - 2t$$

となり，これを解いて $s = 3/4$, $t = 1/4$ となる．よって求める距離は $|(1/4)(2, 0, -2)| = 1/\sqrt{2}$. ◆

空間内の平面もベクトルまたは座標の方程式で表せる．

空間内の平面の表現

ベクトルの方程式

点 A と $\boldsymbol{n}$ が与えられているとする．$\overrightarrow{\mathrm{AP}} \cdot \boldsymbol{n} = 0$ を満たす点 P 全体は A を通り $\boldsymbol{n}$ と垂直な平面となる．原点を O とするとさらに $\overrightarrow{\mathrm{OP}} \cdot \boldsymbol{n} = \overrightarrow{\mathrm{OA}} \cdot \boldsymbol{n}$ （$=$ 一定）と書き換えられる．$\boldsymbol{n}$ を平面の**法線ベクトル**という．

座標の方程式

点 $A(a_1, a_2, a_3)$, $\boldsymbol{n} = (n_1, n_2, n_3)$ に対し，方程式 $n_1(x-a_1)+n_2(y-a_2)+n_3(z-a_3)=0$ を満たす点 (x, y, z) の全体は，A を通り $\boldsymbol{n}$ に垂直な平面となる．また，空間内の任意の平面は方程式 $ax+by+cz+d=0$ $(a^2+b^2+c^2 \neq 0)$ によって表すことができる．

注意　ベクトルの方程式において点 P の座標を (x, y, z), $\boldsymbol{n} = (n_1, n_2, n_3)$ とし $\overrightarrow{AP} \cdot \boldsymbol{n} = 0$ を成分で展開すると座標の方程式が得られる．

例題 1.3.9

(1)　原点 O，ベクトル $\boldsymbol{n}$，実数 k に対して $\overrightarrow{OP} \cdot \boldsymbol{n} = k$ を満たす点 P が平面を表すための条件を求めよ．

(2)　方程式 $ax+by+cz+d=0$ が平面を表すための条件を求めよ．

解答　(1)　まず，$\boldsymbol{n} = \boldsymbol{0}$ なら $k=0$ が必要で，このとき空間内の任意の P で等式が成り立つ．したがって $\boldsymbol{n} \neq \boldsymbol{0}$ が必要．$\boldsymbol{n} \neq \boldsymbol{0}$ のとき，$\overrightarrow{OA} \cdot \boldsymbol{n} = k$ を満たす点 A が存在する．よって，$\overrightarrow{AP} \cdot \boldsymbol{n} = 0$ となり平面を与える．

注意　$\overrightarrow{OA} \cdot \boldsymbol{n} = k$ を満たす点 A は無限個存在するが，どれを選んでも $\overrightarrow{AP} \cdot \boldsymbol{n} = 0$ によって同じ平面が得られる．

(2)　与えられた方程式は $(a, b, c) \cdot (x, y, z) = -d$ と書ける．したがって (1) より $(a, b, c) \neq \boldsymbol{0}$ $(a^2+b^2+c^2 \neq 0)$ であればよい．◆

次の例題からわかるように，平面を 2 つの媒介変数で表す方法もある．

例題 1.3.10

点 $A(a_1, a_2, a_3)$ を通り $\boldsymbol{l} = (l_1, l_2, l_3)$, $\boldsymbol{m} = (m_1, m_2, m_3)$ と平行な平面を式で表せ．ただし，$\boldsymbol{l}$, $\boldsymbol{m}$ は 1 次独立なベクトルとする．

解答　2 つの媒介変数 s, t を用いれば，平面上の任意の点 P は $\overrightarrow{AP} = s\boldsymbol{l} + t\boldsymbol{m}$ と表せる．また，点 A の位置ベクトルを $\boldsymbol{a}$ とすると，P の位置ベクトルは $\boldsymbol{a} + s\boldsymbol{l} + t\boldsymbol{m}$ と表せる．あるいは法線ベクトルが $\boldsymbol{l} \times \boldsymbol{m}$ なので $\overrightarrow{AP} \cdot (\boldsymbol{l} \times \boldsymbol{m}) = 0$ や $[\![\overrightarrow{AP}, \boldsymbol{l}, \boldsymbol{m}]\!] = 0$ でもよい．

$A(a_1, a_2, a_3)$, $P(x, y, z)$ とすると，上の式を成分で表すこともでき，媒介変数表示なら

$$(x, y, z) = (a_1, a_2, a_3) + s(l_1, l_2, l_3) + t(m_1, m_2, m_3)$$

となり，座標の方程式なら

$$(l_2m_3 - l_3m_2)(x - a_1) + (l_3m_1 - l_1m_3)(y - a_2) + (l_1m_2 - l_2m_1)(z - a_3) = 0$$

となる．

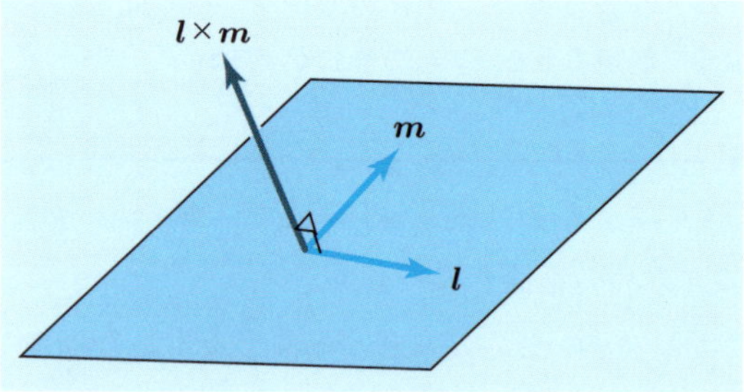

◆

問　題

1.3.15 同一直線上にない3点 $(0, 0, 0)$, (a_1, a_2, a_3), (b_1, b_2, b_3) を含む平面の方程式を求めよ．

1.3.16 直線 $\dfrac{x - a_1}{l_1} = \dfrac{y - a_2}{l_2} = \dfrac{z - a_3}{l_3}$ とその上にない点 (c_1, c_2, c_3) を含む平面の方程式を求めよ．

例題 1.3.11

$\overrightarrow{\mathrm{OA}}$, $\overrightarrow{\mathrm{OB}}$, $\overrightarrow{\mathrm{OC}}$ は1次独立とし，$\overrightarrow{\mathrm{OD}} = a\,\overrightarrow{\mathrm{OA}} + b\,\overrightarrow{\mathrm{OB}} + c\,\overrightarrow{\mathrm{OC}}$ とする．3点 A, B, C を通る平面内に点 D が含まれるための a, b, c に対する条件を求めよ．

解答　p.11 問題 1.1.10 (1) より，与えられた平面内に点 D があるためには $\overrightarrow{\mathrm{AD}}$, $\overrightarrow{\mathrm{BD}}$, $\overrightarrow{\mathrm{CD}}$ が1次従属であることが必要十分条件である．したがって $[\![\overrightarrow{\mathrm{AD}}, \overrightarrow{\mathrm{BD}}, \overrightarrow{\mathrm{CD}}]\!] = 0$ を得る．これに $\overrightarrow{\mathrm{OD}} = a\,\overrightarrow{\mathrm{OA}} + b\,\overrightarrow{\mathrm{OB}} + c\,\overrightarrow{\mathrm{OC}}$ を代入し，スカラー3重積を展開（p.18 問題 1.2.9 参照）すると

$$
\begin{aligned}
0 &= [\![(a-1)\,\overrightarrow{\mathrm{OA}} + b\,\overrightarrow{\mathrm{OB}} + c\,\overrightarrow{\mathrm{OC}}, a\,\overrightarrow{\mathrm{OA}} + (b-1)\,\overrightarrow{\mathrm{OB}} + c\,\overrightarrow{\mathrm{OC}},\\
&\qquad a\,\overrightarrow{\mathrm{OA}} + b\,\overrightarrow{\mathrm{OB}} + (c-1)\,\overrightarrow{\mathrm{OC}}]\!]\\
&= \{(a-1)(b-1)(c-1) - (a-1)cb + bca - ba(c-1) + cab - c(b-1)a\}\\
&\qquad \cdot [\![\overrightarrow{\mathrm{OA}}, \overrightarrow{\mathrm{OB}}, \overrightarrow{\mathrm{OC}}]\!]\\
&= (a+b+c-1)\,[\![\overrightarrow{\mathrm{OA}}, \overrightarrow{\mathrm{OB}}, \overrightarrow{\mathrm{OC}}]\!]
\end{aligned}
$$

となる．$[\![\overrightarrow{\mathrm{OA}}, \overrightarrow{\mathrm{OB}}, \overrightarrow{\mathrm{OC}}]\!] \neq 0$ であったから $a+b+c=1$ が求める条件となる． ◆

例題 1.3.12

(1) 原点を O とし，$\boldsymbol{n}, \boldsymbol{m} \neq \boldsymbol{0}$ とする．$\overrightarrow{\mathrm{OP}} \cdot \boldsymbol{n} = a$ を満たす点 P と $\overrightarrow{\mathrm{OQ}} \cdot \boldsymbol{m} = b$ を満たす点 Q が同じ平面を表すための条件を求めよ．

(2) 方程式 $ax+by+cz+d=0$ $(a^2+b^2+c^2 \neq 0)$ と $\alpha x+\beta y+\gamma z+\delta = 0$ $(\alpha^2+\beta^2+\gamma^2 \neq 0)$ が同じ平面を表すための条件を求めよ．

解答 (1) まず，同一平面ならば法線ベクトルは平行でなければならない．このとき $\boldsymbol{m} = \alpha\boldsymbol{n}$ となる 0 でない α が存在し，$\overrightarrow{\mathrm{OQ}} \cdot \boldsymbol{m} = \alpha\,\overrightarrow{\mathrm{OQ}} \cdot \boldsymbol{n} = b$ より，$\overrightarrow{\mathrm{OQ}} \cdot \boldsymbol{n} = b/\alpha$ となる．すると

$$
\overrightarrow{\mathrm{PQ}} \cdot \boldsymbol{n} = (\overrightarrow{\mathrm{OP}} - \overrightarrow{\mathrm{OQ}}) \cdot \boldsymbol{n} = a - \frac{b}{\alpha}
$$

である．もし P も Q も同一平面にあるなら $\overrightarrow{\mathrm{PQ}} \cdot \boldsymbol{n} = 0$ でなければならないので $b = \alpha a$ が必要．逆に $\boldsymbol{m} = \alpha\boldsymbol{n}$, $b = \alpha a$ となる α が存在すれば Q についての等式は $\overrightarrow{\mathrm{OQ}} \cdot \boldsymbol{n} = a$ と書き換えられるので同一平面であることは明らか．よって，求める条件は $\boldsymbol{m} = \alpha\boldsymbol{n}$, $b = \alpha a$ を同時に満たす α が存在すること．

(2) (1) を座標で考えればよい．$(a,b,c) = k(\alpha,\beta,\gamma)$, $d = k\delta$ を同時に満たす k が存在することが求める条件である． ◆

問 題

1.3.17 原点を O とする．$\overrightarrow{\mathrm{OP}} \cdot \boldsymbol{n} = k$ $(\boldsymbol{n} \neq \boldsymbol{0})$ を満たす点 P と方程式 $ax+by+cz+d=0$ $(a^2+b^2+c^2 \neq 0)$ が同じ平面を表すための条件を求めよ．

空間内の2つの平面の関係

空間内の2つの平面の位置関係は次の3つのうちのどれかである.

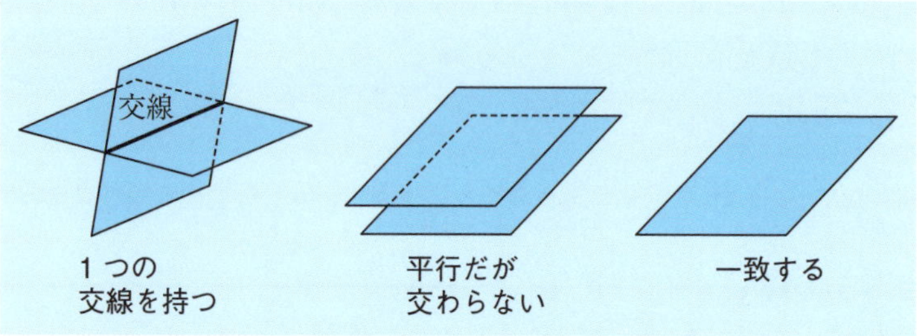

ただし，**交線** (line of intersection) とは2平面に同時に含まれる点の全体が作る直線のことである．また，2平面が交線を持つ場合，2平面の**なす角**を法線ベクトル同士のなす角で定義する.（法線ベクトルは逆向きにもとれるので，2平面のなす角が θ のときに片方の法線ベクトルを逆向きにとるとなす角は $\pi - \theta$ に変わるが，どちらでもよいとする.）

例題 1.3.13

交線を持つ2平面 A_1, A_2 のなす角を θ とする．交線上のある点を通り交線に垂直な平面 B を考える．A_1 と B の交線 L_1 と A_2 と B の交線 L_2 がなす角が θ に等しいことを示せ.

解答 図のように B 上での L_1, L_2 と2平面の法線ベクトル $\boldsymbol{n}_1$, $\boldsymbol{n}_2$ との関係を考えれば明らか.

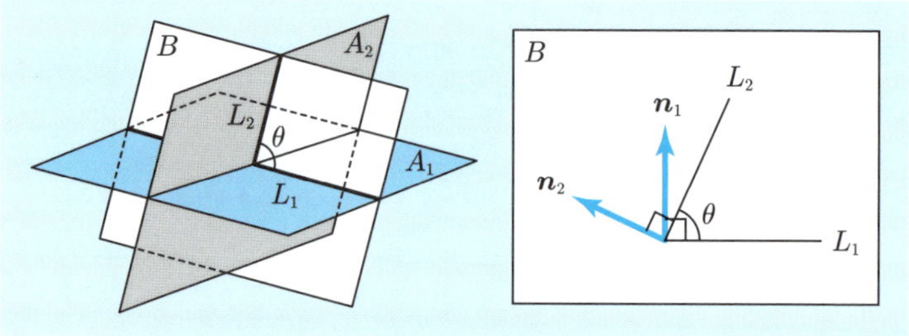

◆

問　題

1.3.18 $y - z = 0$, $x - y = 0$ で表された 2 平面の交線の方程式を求めよ．また，2 平面のなす角 θ を求めよ．

空間内の平面と直線の関係

空間内の平面と直線の位置関係は次の 3 つのうちのどれかである．

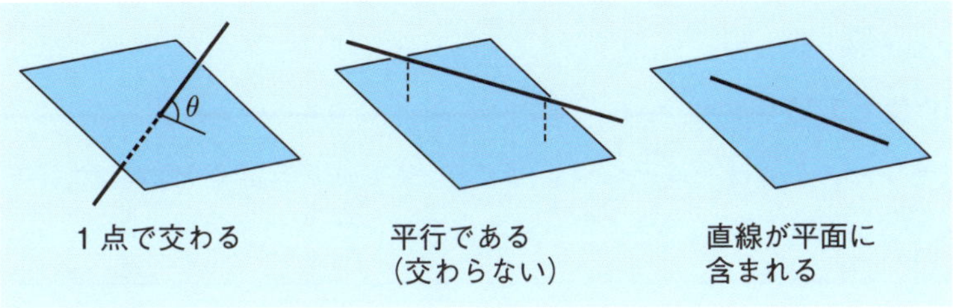

1 点で交わる場合に，平面に平行なベクトルと直線のなす角の最小値を，平面と直線の**なす角**と定義する．

例題 1.3.14

平面と直線のなす角を θ，平面の法線ベクトルと直線のなす角を ϕ $(0 \leqq \phi < \pi/2)$ とすると，$\theta + \phi = \pi/2$ となることを示せ．

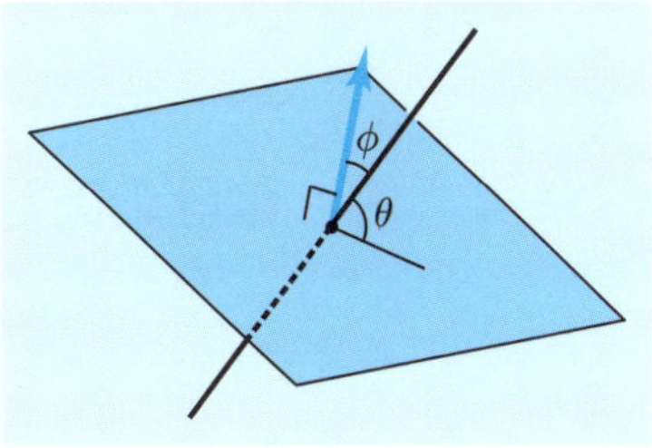

解答 平面として xy 平面を考え，直線の方向ベクトルを $\boldsymbol{l} = (\sin\phi, 0, \cos\phi)$ とおいても一般性を失わない．平面に平行なベクトルを $\boldsymbol{v} = (\cos\alpha, \sin\alpha, 0)$ $(0 \leqq \alpha < 2\pi)$ とする．このとき，

$$\cos\theta = \frac{\boldsymbol{l} \cdot \boldsymbol{v}}{|\boldsymbol{l}||\boldsymbol{v}|} = \sin\phi\cos\alpha$$

となる．θ は $0 < \theta \leqq \pi/2$ としてよいので最小の θ は最大の $\cos\theta$ を与える．よって $\alpha = 0$ のとき θ は最小値 $\pi/2 - \phi$ をとる． ◆

問　題

1.3.19 平面 $x+y+z=0$ と直線 $x=2y=3z$ のなす角の余弦を求めよ.

空間内の点と平面の距離

空間内の点と平面の**距離**とは，その点と平面内の任意の点との距離の最小値のことである.

例題 1.3.15

点と平面の距離は，点から平面に下ろした垂線の足と点との距離に等しいことを示せ.

解答 図のような点 A と平面との距離を考える. A を通り平面の法線ベクトルに平行な直線をとる. この直線が平面と交わる点が垂線の足 H である. H 以外の平面上の任意の点を P とすると，平面と法線ベクトルとの関係より，∠AHP は常に直角となる. したがって三角形 AHP は直角三角形であり，斜辺 AP は辺 AH より常に長い. ◆

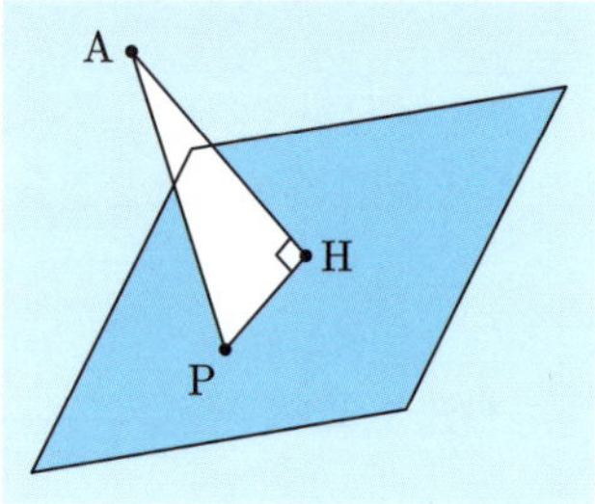

問　題

1.3.20 平面 $ax+by+cz+d=0$ と点 (p,q,r) の距離を求めよ.

1.4 円，球面の方程式

前節では，直線や平面など曲がりのない基本的な図形を扱った. この節では曲がっている図形である平面内の円と空間内の球面の式表現について説明する. これらについても，直線や平面と同じようにベクトルや座標の方程式で図形を表すことできる.

平面内の円の表現

ベクトルの方程式

点 A および正の数 r が与えられたとき，$|\overrightarrow{AP}| = r$ を満たす点 P 全体は A を中心とする半径 r の円となる．

座標の方程式

点 $A(a_1, a_2)$ および正の数 r が与えられたとき，$(x - a_1)^2 + (y - a_2)^2 = r^2$ を満たす点 (x, y) 全体は A を中心とする半径 r の円となる．

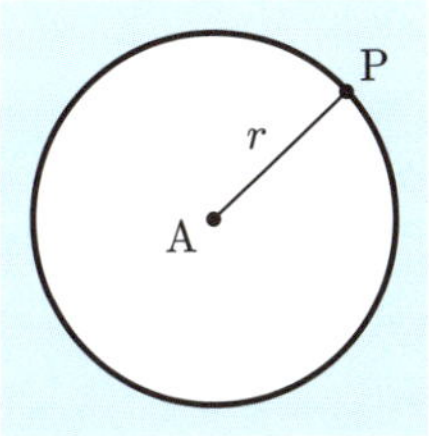

例題 1.4.1

(1)　原点を O とする．$\overrightarrow{OP} \cdot \overrightarrow{OP} + \boldsymbol{a} \cdot \overrightarrow{OP} + b = 0$ を満たす点 P が円を表すための条件を求めよ．

(2)　方程式 $x^2 + y^2 + ax + by + c = 0$ が円を表すための条件を求めよ．

解答　(1)

$$\left|\overrightarrow{OP} + \frac{\boldsymbol{a}}{2}\right|^2 = \frac{|\boldsymbol{a}|^2}{4} - b$$

と変形できるので，条件は $|\boldsymbol{a}|^2/4 - b > 0$．中心の位置ベクトル $-\boldsymbol{a}/2$，半径 $\sqrt{|\boldsymbol{a}|^2/4 - b}$ の円となる．

(2)

$$\left(x + \frac{a}{2}\right)^2 + \left(y + \frac{b}{2}\right)^2 = \frac{a^2 + b^2}{4} - c$$

と変形できるので，条件は $(a^2 + b^2)/4 - c > 0$．中心 $(-a/2, -b/2)$，半径 $\sqrt{(a^2 + b^2)/4 - c}$ の円となる．◆

例題 1.4.2

異なる 2 点 $A(a_1, a_2)$, $B(b_1, b_2)$ を直径の両端とする円の方程式を求めよ．

解答　円上の点を P とすれば，AB が直径なので $\overrightarrow{AP}$ と $\overrightarrow{BP}$ は直交する．よってベクトルの方程式 $\overrightarrow{AP} \cdot \overrightarrow{BP} = 0$ を得る．P の座標を (x, y) とおくと，$\overrightarrow{AP} = (x - a_1, y - a_2)$, $\overrightarrow{BP} = (y - b_1, y - b_2)$ より $\overrightarrow{AP} \cdot \overrightarrow{BP}$ を座標で書けば，$(x - a_1)(x - b_1) + (y - a_2)(y - b_2) = 0$ となる．

さらに円の中心を $C\left(\dfrac{a_1+b_1}{2}, \dfrac{a_2+b_2}{2}\right)$ とすると，$\overrightarrow{AP} = \overrightarrow{AC} + \overrightarrow{CP} = \overrightarrow{AB}/2 + \overrightarrow{CP}$，$\overrightarrow{BP} = \overrightarrow{BC} + \overrightarrow{CP} = -\overrightarrow{AB}/2 + \overrightarrow{CP}$ より，$\overrightarrow{AP} \cdot \overrightarrow{BP} = 0$ は $|\overrightarrow{CP}| = |\overrightarrow{AB}/2|$ と書き換えられる．座標の方程式も

$$\left(x - \frac{a_1+b_1}{2}\right)^2 + \left(y - \frac{a_2+b_2}{2}\right)^2 = \frac{1}{4}\left\{(a_1-b_1)^2 + (a_2-b_2)^2\right\}$$

と書き換えられる．◆

問　題

1.4.1　一直線上にない3点 $O(0,0)$, $A(a_1,a_2)$, $B(b_1,b_2)$ を通る円について，p.37 例題 1.4.1 (2) の形で座標の方程式を求めよ．

例題 1.4.3

点 A, B が与えられており，a, b を異なる正の数とする．また，線分 AB を $a:b$ に内分する点を C，$a:b$ に外分する点を D とする．このとき，方程式

$$b\,|\overrightarrow{AP}| = a\,|\overrightarrow{BP}|$$

を満たす点 P のなす図形は，線分 CD を直径とする円になることを示せ．

解答　$\overrightarrow{OC} = \dfrac{b\,\overrightarrow{OA} + a\,\overrightarrow{OB}}{a+b}$，$\overrightarrow{OD} = \dfrac{b\,\overrightarrow{OA} - a\,\overrightarrow{OB}}{-a+b}$ より

$$\overrightarrow{CP} \cdot \overrightarrow{DP} = \frac{b^2\,\overrightarrow{AP} \cdot \overrightarrow{AP} - a^2\,\overrightarrow{BP} \cdot \overrightarrow{BP}}{b^2 - a^2}$$

を得る．さらに $b|\overrightarrow{AP}| = a|\overrightarrow{BP}|$ より $\overrightarrow{CP} \cdot \overrightarrow{DP} = 0$．p.37 例題 1.4.2 より，この方程式は線分 CD を直径とする円（アポロニウスの円）を表している．

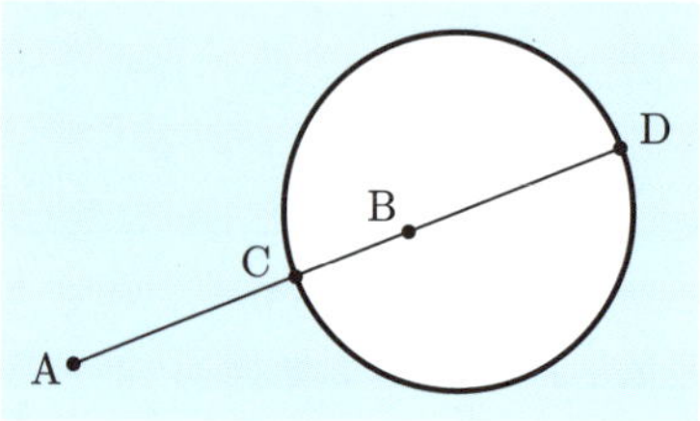

◆

平面内の円と直線

平面内の円と直線の関係は次の 3 つのうちのどれかである．

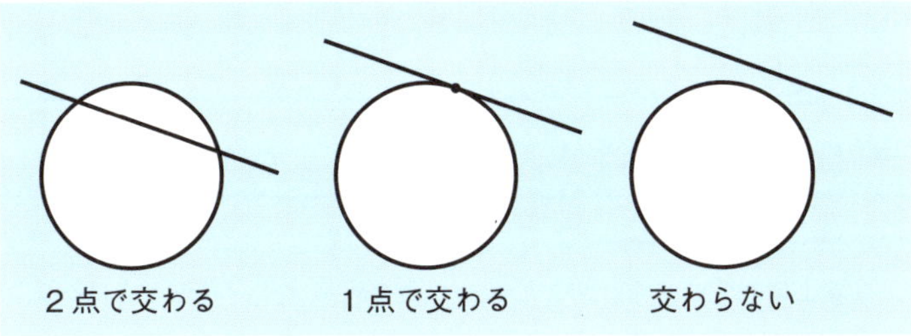

1 点で交わるとき，直線は円に接するともいい，直線は円の**接線** (tangent line) である．

例題 1.4.4

$(x-a_1)^2+(y-a_2)^2=r^2$ で表される円 C と $bx+cy+d=0$ で表される直線 L が 2 つの交点を持つとする．その 2 交点を通る任意の円 C' は k を適当な実数として

$$(x-a_1)^2+(y-a_2)^2-r^2+k(bx+cy+d)=0 \quad \cdots \quad (*)$$

の形で表されることを示せ．

解答 C' の中心は C の中心を通り L に垂直な直線の上に存在する．L の法線ベクトルが (b,c) なので，C' の中心の座標は k を適当な実数として $(a_1-kb/2, a_2-kc/2)$ と表すことができる．一方，$(*)$ については，2 交点の座標を代入すれば成り立ち，

$$\left(x-a_1+\frac{kb}{2}\right)^2+\left(y-a_2+\frac{kc}{2}\right)^2=\text{定数}$$

という形に書き換えられる．したがって $(*)$ は 2 交点を通る円の表式である．

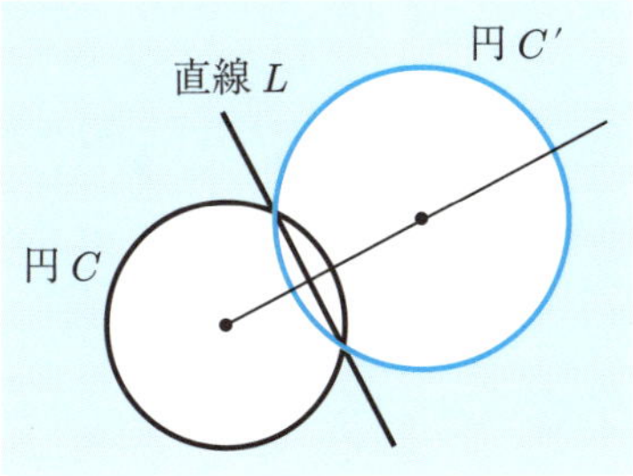

◆

問 題

1.4.2 円 $x^2+y^2=4$ と直線 $x+y=1$ の2交点および点 $(2,3)$ の合計3点を通る円の方程式を求めよ．

例題 1.4.5

円の接線が，接点と円の中心を結ぶ線に直交することを示せ．

解答 直交していないと仮定すると，接点が円の中心から下ろした垂線の足ではないので，接線上に接点よりも円の中心に近い点が存在する．このとき，接線は円の内部を通り2点で交わることになるので，1点で接することに矛盾する． ◆

問 題

1.4.3 円 $(x-a_1)^2+(y-a_2)^2=r^2$ と直線 $bx+cy+d=0$ が接するための条件を求めよ．

1.4.4 円 $(x-a_1)^2+(y-a_2)^2=r^2$ に対して円上の点 (x_0,y_0) で接する接線の方程式を求めよ．

例題 1.4.6

円 $x^2+y^2=r^2$ に対し，円外の点 (a_1,a_2) から接線を引く．この点から2接点までの距離，および2接点を結ぶ直線の方程式を求めよ．

解答 右の図より2接点までの距離はともに $\sqrt{a_1^2+a_2^2-r^2}$ である．2接点を通る直線の法線ベクトルは (a_1,a_2) なので，直線の方程式を $a_1x+a_2y+b=0$ とおける．この直線と中心 $(0,0)$ との距離は $|b|/\sqrt{a_1^2+a_2^2}$ であるが，直角三角形の相似性より $r^2/\sqrt{a_1^2+a_2^2}$ に等しい．ゆえに $b=\pm r^2$．さらにこの直線に対し (a_1,a_2) と $(0,0)$ は逆側にあるので $b=-r^2$．よって2接点を結ぶ直線の方程式は $a_1x+a_2y=r^2$． ◆

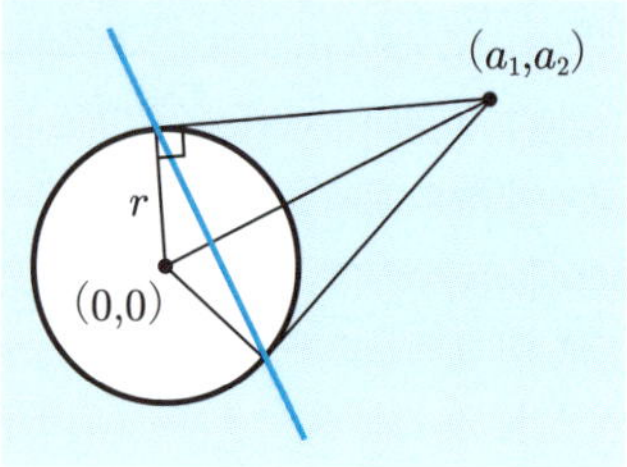

問 題

1.4.5 円 $x^2+y^2=r^2$ に点 $(0,a)$（$0<r<a$ とする）から接線を引く．接点および接線の方程式を求めよ．

平面内の 2 つの円

平面内の 2 つの円の関係は次の 4 つのうちのどれかである．

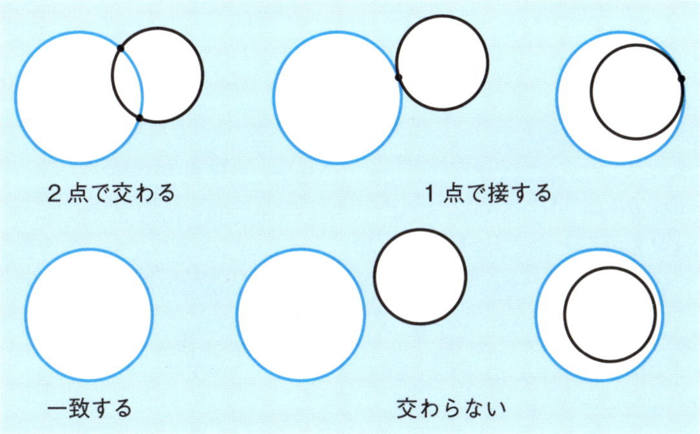

例題 1.4.7

2 つの円 $(x-a_1)^2+(y-a_2)^2=r^2$, $(x-b_1)^2+(y-b_2)^2=R^2$ が 2 点で交わるとする．

(1) 2 点で交わるための条件を求めよ．

(2) 2 交点を通る円は

$$\{(x-a_1)^2+(y-a_2)^2-r^2\}+k\{(x-b_1)^2+(y-b_2)^2-R^2\}=0 \quad (k \fallingdotseq -1)$$

または

$$(x-b_1)^2+(y-b_2)^2=R^2$$

で表せることを示せ．

(3) 2 交点を通る直線の方程式を求めよ．

解答 (1) 3 辺の長さがそれぞれ r, R および元の 2 円の中心間距離に等しい三角形が作れればよい．したがって

$$|r - R| < \sqrt{(a_1 - b_1)^2 + (a_2 - b_2)^2} < r + R$$

(2) $k \fallingdotseq -1$ の場合，2 交点の座標が方程式を満足することは明らか．さらに書き換えると

$$\left(x - \frac{a_1 + kb_1}{1 + k}\right)^2 + \left(y - \frac{a_2 + kb_2}{1 + k}\right)^2 = \text{定数}$$

となり，$k > 0$ のときは点 (a_1, a_2), (b_1, b_2) を $k : 1$ に内分し，$k < 0$ のときは $-k : 1$ に外分する点を中心とする円の方程式である．なお，この方程式で表せないのは，2 交点を通る円が元の 2 円の後者と一致する場合で，その場合を例外的に与えている．($k \to \pm\infty$ の極限方程式に相当する．)

(3) (2) の式で $k = -1$ とおくと

$$2(b_1 - a_1)x + 2(b_2 - a_2)y + a_1^2 - b_1^2 + a_2^2 - b_2^2 + R^2 - r^2 = 0$$

が得られる．これは直線の方程式であり，2 交点の座標を代入すれば満足することは明らか．よってこの方程式が答である． ◆

問　題

1.4.6 2 つの円 $(x-1)^2 + y^2 = 2$, $(x+1)^2 + y^2 = 2$ の 2 交点および点 $(2, 3)$ の合計 3 点を通る円の方程式を求めよ．

円は中心から等距離にある 2 次元平面内の図形である．3 次元空間で同様の図形は球面となる．

球面の表現

ベクトルの方程式

点 A および正の実数 r が与えられたとき $|\overrightarrow{\mathrm{AP}}| = r$ を満たす点 P 全体は A を中心とし半径 r の球面となる．

座標の方程式

点 $\mathrm{A}(a_1, a_2, a_3)$ および正の実数 r が与えられたとき $(x - a_1)^2 + (y - a_2)^2 + (z - a_3)^2 = r^2$ を満たす点 (x, y, z) の全体は A を中心とし半径 r の球面となる．

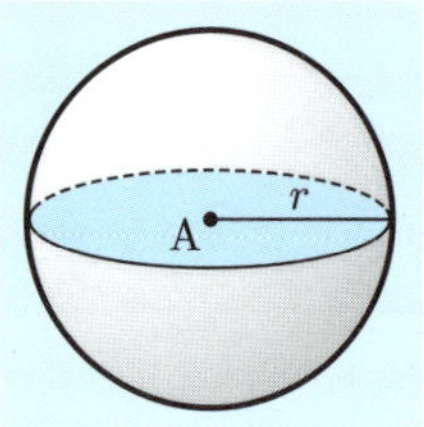

例題 1.4.8

(1) 原点を O とする．$\overrightarrow{\mathrm{OP}}\cdot\overrightarrow{\mathrm{OP}}+\boldsymbol{a}\cdot\overrightarrow{\mathrm{OP}}+b=0$ を満たす点 P が球面を表すための条件を求めよ．

(2) 方程式 $x^2+y^2+z^2+ax+by+cz+d=0$ が球面を表すための条件を求めよ．

解答 (1)

$$\left|\overrightarrow{\mathrm{OP}}+\frac{\boldsymbol{a}}{2}\right|^2=\frac{|\boldsymbol{a}|^2}{4}-b$$

と変形できるので，条件は

$$\frac{|\boldsymbol{a}|^2}{4}-b>0$$

中心の位置ベクトル $-\boldsymbol{a}/2$，半径 $\sqrt{|\boldsymbol{a}|^2/4-b}$ の球面となる．

(2)
$$\left(x+\frac{a}{2}\right)^2+\left(y+\frac{b}{2}\right)^2+\left(z+\frac{c}{2}\right)^2=\frac{a^2+b^2+c^2}{4}-d$$

と変形できるので，条件は

$$\frac{a^2+b^2+c^2}{4}-d>0$$

中心 $(-a/2,-b/2,-c/2)$，半径 $\sqrt{(a^2+b^2+c^2)/4-d}$ の球面となる． ◆

問 題

1.4.7 異なる 2 点 $\mathrm{A}(a_1,a_2,a_3)$, $\mathrm{B}(b_1,b_2,b_3)$ を直径の両端とする球面の方程式を求めよ．

例題 1.4.9

原点 O および 3 点 A, B, C が同一平面にないとする．$\overrightarrow{\mathrm{OA}}=\boldsymbol{a}$, $\overrightarrow{\mathrm{OB}}=\boldsymbol{b}$, $\overrightarrow{\mathrm{OC}}=\boldsymbol{c}$ と表すと，この 4 点を通る球面の方程式が外積とスカラー三重積を用いて

$$x^2+y^2+z^2-\frac{1}{[\![\boldsymbol{a},\boldsymbol{b},\boldsymbol{c}]\!]}\{|\boldsymbol{a}|^2(\boldsymbol{b}\times\boldsymbol{c})+|\boldsymbol{b}|^2(\boldsymbol{c}\times\boldsymbol{a})+|\boldsymbol{c}|^2(\boldsymbol{a}\times\boldsymbol{b})\}\cdot(x,y,z)=0$$

となることを示せ．

解答 与式に O(0, 0, 0) を代入すると確かに成り立つ．A の座標を代入する，すなわち $(x,y,z)=\boldsymbol{a}$ を代入すると

$$x^2+y^2+z^2=|\boldsymbol{a}|^2,$$

$$\frac{1}{[\![\boldsymbol{a},\boldsymbol{b},\boldsymbol{c}]\!]}\{|\boldsymbol{a}|^2(\boldsymbol{b}\times\boldsymbol{c})+|\boldsymbol{b}|^2(\boldsymbol{c}\times\boldsymbol{a})+|\boldsymbol{c}|^2(\boldsymbol{a}\times\boldsymbol{b})\}\cdot\boldsymbol{a}$$
$$=\frac{|\boldsymbol{a}|^2(\boldsymbol{b}\times\boldsymbol{c})\cdot\boldsymbol{a}}{[\![\boldsymbol{a},\boldsymbol{b},\boldsymbol{c}]\!]}=|\boldsymbol{a}|^2$$

より確かに成り立つ．B, C の場合も同様．4 点が同一平面にないので球面は 1 つに定まり，したがって与式がその方程式となる．◆

問　題

1.4.8 4 点 $(0,0,0)$, $(1,0,0)$, $(0,1,0)$, $(0,0,1)$ を通る球面の方程式を求めよ．

1.4.9 点 A, B が与えられており，a, b を異なる正の数とする．また線分 AB を $a:b$ に内分する点を C，$a:b$ に外分する点を D とする．このとき，$b|\overrightarrow{\mathrm{AP}}|=a|\overrightarrow{\mathrm{BP}}|$ を満たす点 P は線分 CD を直径とする球面をなすことを示せ．

球面と平面の関係

空間内の球面と平面の関係は次の 3 つのうちのどれかである．

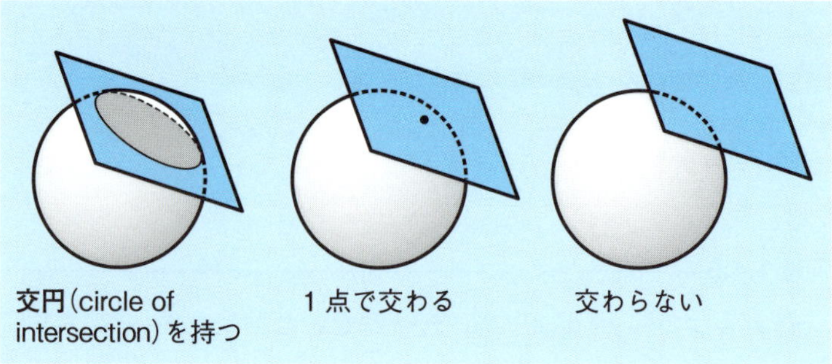

問　題

1.4.10 球面 $(x-a_1)^2+(y-a_2)^2+(z-a_3)^2=r^2$ と平面 $bx+cy+dz+e=0$ が交円を持つとき，交円を含む球面は

$$(x-a_1)^2+(y-a_2)^2+(z-a_3)^2-r^2+k(bx+cy+dz+e)=0$$

と表されることを示せ．

1.4.11 球面 $x^2+y^2+z^2=4$ と平面 $x+y+z=1$ との交円および $(-1,1,2)$ を通る球面の方程式を求めよ．

球面の接平面

球面と平面が 1 点のみで交わるとき，平面は球面に接するといい，この平面を球面の**接平面** (tangent plane) という.

例題 1.4.10

球面の接平面に対し，接点と球面の中心を結んだ直線は接平面と直交することを示せ.

解答 直交しないと仮定する．このとき，接点が球面の中心から下ろした垂線の足ではないので，接平面内に接点よりも中心に近い点が存在する．よって接平面が球面の内部を通り，2 点以上で交わることになり，接平面であることに矛盾する. ◆

問　題

1.4.12 球面 $(x-a_1)^2+(y-a_2)^2+(z-a_3)^2=r^2$ と平面 $bx+cy+dz+e=0$ が接する条件を求めよ.

1.4.13 球面 $(x-a_1)^2+(y-a_2)^2+(z-a_3)^2=r^2$ の上にある点 (x_0, y_0, z_0) で接する接平面の方程式を求めよ.

例題 1.4.11

球面 $x^2+y^2+z^2=r^2$ に対し，球面外の点 $\mathrm{A}(a_1, a_2, a_3)$ を通る任意の接平面を考える．A から接点までの距離を求めよ．また，すべての接点は同一平面にあることを示し，その平面の方程式を求めよ.

解答 (a_1, a_2, a_3) から接点までの距離は接点によらず $\sqrt{a_1^2+a_2^2+a_3^2-r^2}$ である．よって接点 (x, y, z) は次式を満たす.

$$(x-a_1)^2+(y-a_2)^2+(z-a_3)^2=a_1^2+a_2^2+a_3^2-r^2$$

また同時に $x^2+y^2+z^2=r^2$ を満たすので，両方の式を引き算すると $a_1x+a_2y+a_3z=r^2$ となる．すなわち任意の接平面の接点はこの平面内にある. ◆

問 題

1.4.14 球面 $x^2+y^2+z^2=r^2$ に対し，点 $(0,0,a)$ （$0<r<a$ とする）を通るように接平面を作る．接点および接平面の方程式を求めよ．

2 つの球面の関係

2 つの球面の関係は次の 4 つのうちのどれかである．

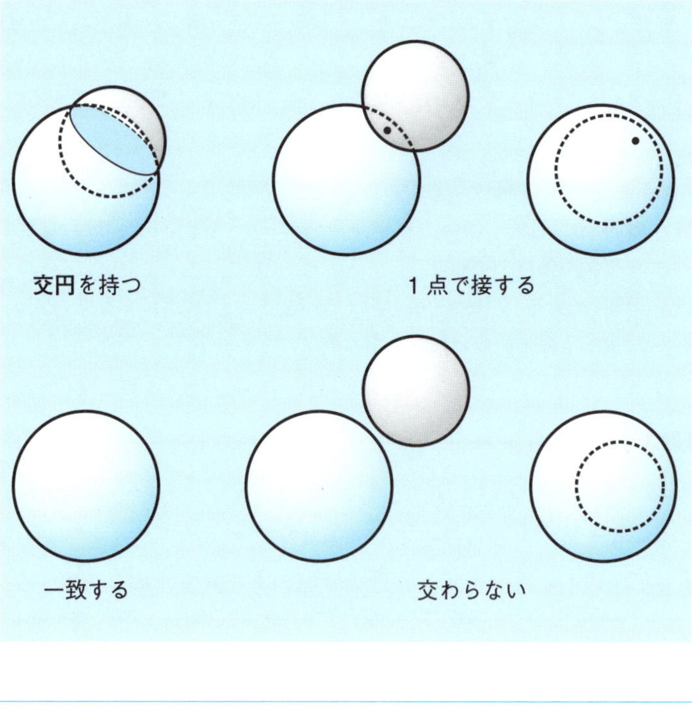

例題 1.4.12

2 つの球面 $(x-a_1)^2+(y-a_2)^2+(z-a_3)^2=r^2$, $(x-b_1)^2+(y-b_2)^2+(z-b_3)^2=R^2$ が交円を持つとする．

(1) 交円を持つための条件を求めよ．

(2) 交円を含む任意の球面は

$$(x-a_1)^2+(y-a_2)^2+(z-a_3)^2-r^2 + k\{(x-b_1)^2+(y-b_2)^2+(z-b_3)^2-R^2\}=0 \quad (k \fallingdotseq -1)$$

または

$$(x-b_1)^2+(y-b_2)^2+(z-b_3)^2=R^2$$

とおけることを示せ．

(3) 交円を含む平面の方程式を求めよ．

解答 p.41 例題 1.4.7 の平面内の 2 円の関係と同様に解ける．

(1) $|r-R|<\sqrt{(a_1-b_1)^2+(a_2-b_2)^2+(a_3-b_3)^2}<r+R$

(2) 省略．

(3) $k \fallingdotseq -1$ の方程式に $k=-1$ を代入して得られる 1 次方程式が答となる．

$$2(b_1-a_1)x+2(b_2-a_2)y+2(b_3-a_3)z+a_1^2-b_1^2+a_2^2-b_2^2 + a_3^2-b_3^2+R^2-r^2=0$$

◆

問　題

1.4.15 2 つの球面 $x^2+y^2+z^2=4$, $(x+1)^2+y^2+(z-1)^2=3$ の交円を含み，点 $(1,1,2)$ を通る球面の方程式を求めよ．

演習問題

◆**1** 次の 2 つのベクトルは平行か否か．

(1) $(3,6)$, $(-1,-2)$　　(2) $(2,1)$, $(-2,-4)$

◆**2** 次のベクトルを求めよ．

(1) 点 $(1,-\sqrt{3})$ とのなす角が $2\pi/3$ で，大きさが 1 のベクトル

(2) 点 $(1,2)$ とのなす角が $\pi/6$ で，大きさが $\sqrt{5}$ のベクトル

◆**3** 次のベクトルを順に $\boldsymbol{a}, \boldsymbol{b}$ とするとき，$[\![\boldsymbol{a}, \boldsymbol{b}]\!]$ を求めよ．

(1) $(1,-1), (1,1)$ (2) $(1,1), (1,-1)$

(3) $(3,4), (-6,-8)$ (4) $(0,0), (2,4)$

◆**4** 次のベクトルの組は 1 次独立か，1 次従属か．

(1) $(1,3), (2,4)$ (2) $(1,0), (-1,0)$

(3) $(3,5), (0,0)$ (4) $(1,2), (1,3), (2,3)$

◆**5** 三角形 ABC において，辺 AB を $3:2$ に内分する点を D，辺 AC を $1:2$ に内分する点を E とする．また，CD, BE の交点を P とする．$\overrightarrow{\mathrm{AB}} = \boldsymbol{a}$, $\overrightarrow{\mathrm{AC}} = \boldsymbol{b}$ としたとき，$\overrightarrow{\mathrm{AP}}$ を $\boldsymbol{a}, \boldsymbol{b}$ によって表せ．

◆**6** $\boldsymbol{a} = (2,3)$, $\boldsymbol{b} = (-1,1)$ とする．$\boldsymbol{v} = (x,y)$ が $\boldsymbol{v} = s\boldsymbol{a} + t\boldsymbol{b}$ となるとき，s,t を x,y によって表せ．

◆**7** 4 点 $(2,3), (1,4), (5,4), (4,5)$ を頂点とする平行 4 辺形の面積を求めよ．

◆**8** 次の 2 つのベクトルは平行か否か．

(1) $(1,-1,2), (-2,1,-1)$ (2) $(3,2,-1), (-6,-4,2)$

◆**9** 次の 2 つのベクトルのなす角を求めよ．

(1) $(1,0,-1), (0,-1,1)$ (2) $(2,-1,2), (5,3,4)$

◆**10** 3 次元ベクトル $\boldsymbol{a}, \boldsymbol{b}$ に対して次を示せ．

(1) $|\boldsymbol{a}+\boldsymbol{b}|^2 = |\boldsymbol{a}|^2 + |\boldsymbol{b}|^2 + 2\boldsymbol{a}\cdot\boldsymbol{b}$

(2) $|\boldsymbol{a}+\boldsymbol{b}|^2 - |\boldsymbol{a}-\boldsymbol{b}|^2 = 4\boldsymbol{a}\cdot\boldsymbol{b}$

◆**11** 3 次元ベクトル $\boldsymbol{a}, \boldsymbol{b}$ に対して

$$\big||\boldsymbol{a}| - |\boldsymbol{b}|\big| \leqq |\boldsymbol{a}-\boldsymbol{b}|$$

を示せ．

◆**12** 次のベクトルの組は 1 次独立か，1 次従属か．

(1) $(1,2,0), (2,2,1)$

(2) $(2,3,1), (4,1,-1), (-1,2,1), (2,2,2)$

(3) $(1,1,-1), (2,-1,3), (2,1,-1)$

(4) $(1,-1,1), (1,0,3), (-1,2,1)$

◆**13** 3 次元ベクトル $\boldsymbol{v}$ に対して，$\boldsymbol{a}$ $(\neq \boldsymbol{0})$ 方向へ正射影したベクトルが

$$\frac{\boldsymbol{v}\cdot\boldsymbol{a}}{|\boldsymbol{a}|^2}\boldsymbol{a}$$

となることを示せ．

◆**14** 次の外積を求めよ．

(1) $(-1,1,2) \times (3,-2,-1)$ (2) $(2,0,1) \times (-4,0,-2)$

(3) $(1,-1,1)\times(2,-3,4)$

◆**15** 次の 3 つのベクトルのスカラー 3 重積 $[\![\boldsymbol{a},\boldsymbol{b},\boldsymbol{c}]\!]$ を求め，$\boldsymbol{a}$, $\boldsymbol{b}$, $\boldsymbol{c}$ がこの順で右手系をなすか左手系をなすかを答えよ．

(1) $\boldsymbol{a}=(2,1,-1)$, $\boldsymbol{b}=(0,1,-2)$, $\boldsymbol{c}=(3,-4,1)$

(2) $\boldsymbol{a}=(1,-1,2)$, $\boldsymbol{b}=(0,1,-2)$, $\boldsymbol{c}=(1,2,1)$

◆**16** $\boldsymbol{a}=(a_1,a_2,0)$, $\boldsymbol{b}=(b_1,b_2,0)$ とする．このとき $\boldsymbol{a}\times\boldsymbol{b}$ の z 成分が $[\![(a_1,a_2),(b_1,b_2)]\!]$ に等しいことを示せ．

◆**17** $\boldsymbol{a}=(1,2,1)$, $\boldsymbol{b}=(0,-1,0)$, $\boldsymbol{c}=(2,1,-1)$ とする．このとき $(\boldsymbol{a}\times\boldsymbol{b})\times\boldsymbol{c}$, $\boldsymbol{a}\times(\boldsymbol{b}\times\boldsymbol{c})$ を計算し，$(\boldsymbol{a}\times\boldsymbol{b})\times\boldsymbol{c}\neq\boldsymbol{a}\times(\boldsymbol{b}\times\boldsymbol{c})$ を確かめよ．

◆**18** 3 次元ベクトル $\boldsymbol{a}$, $\boldsymbol{b}$, $\boldsymbol{c}$ に対して次を示せ．

(1) $(\boldsymbol{a}\times\boldsymbol{b})\times\boldsymbol{c}=(\boldsymbol{a}\cdot\boldsymbol{c})\boldsymbol{b}-(\boldsymbol{b}\cdot\boldsymbol{c})\boldsymbol{a}$

(2) $(\boldsymbol{a}\times\boldsymbol{b})\times\boldsymbol{c}+(\boldsymbol{b}\times\boldsymbol{c})\times\boldsymbol{a}+(\boldsymbol{c}\times\boldsymbol{a})\times\boldsymbol{b}=\boldsymbol{0}$

◆**19** 次の直線の座標の方程式を求めよ．

(1) 2 点 $(1,3)$, $(-2,2)$ を通る直線

(2) 2 点 $(-3,2)$, $(-3,4)$ を通る直線

(3) 点 $(-1,3)$ を通り方向ベクトルが $(-1,2)$ の直線

(4) 点 $(-5,6)$ を通り法線ベクトルが $(3,-2)$ の直線

(5) 点 $(1,1)$ を通り y 軸とのなす角が $\pi/6$ の直線

(6) 点 $(1,1)$ からの距離が 1 で，点 $(2,3)$ を通る直線

(7) 2 点 $(1,1)$, $(3,3)$ からの距離がともに 1 となる直線

(8) 2 円 $x^2+(y-1)^2=4$, $(x-1)^2+(y+1)^2=4$ の 2 交点を通る直線

(9) 円 $(x-1)^2+(y+1)^2=25$ の点 $(4,3)$ における接線

◆**20** 平面内の 3 点 A, B, C が同一直線上にないとする．B, C を通る直線と A との距離が

$$\frac{|[\![\overrightarrow{\mathrm{AB}},\overrightarrow{\mathrm{AC}}]\!]|}{|\overrightarrow{\mathrm{BC}}|}$$

となることを示せ．

◆**21** 次の直線の媒介変数表示と座標の方程式を求めよ．

(1) 2 点 $(1,-1,3)$, $(-2,1,2)$ を通る直線

(2) 2 点 $(3,-2,1)$, $(3,1,1)$ を通る直線

(3) 3 点 $(1,2,1)$, $(-2,2,1)$, $(3,2,-1)$ を含む平面に垂直で，点 $(1,2,1)$ を通る直線

(4) 2 平面 $x+2y+z+1=0$, $3x-2y-z+3=0$ の交線

(5) 平面 $x+y+z-3=0$ 内にあり，点 $(1,1,1)$ を通り，平面 $2x-y-z-2=0$

とのなす角が $\pi/6$ となる直線

(6) 平面 $-x-y+z+2=0$ 内にあり，点 $(2,2,2)$ からの距離が $1/\sqrt{2}$ で，点 $(2,1,1)$ を通る直線

◆**22** 直線 $\dfrac{x-1}{2}=y-3=1-z$ と点 $(2,1,1)$ の距離を求めよ．

◆**23** 次の 2 直線 L, M の位置関係（ねじれの位置にある，交わる，平行で一致しない，一致する）を答えよ．

(1) $L: \dfrac{x-2}{3}=\dfrac{y-1}{-4}=\dfrac{z-4}{-3},\quad M: \dfrac{x-5}{3}=\dfrac{y+3}{-4}=\dfrac{z-1}{-3}$

(2) $L: \dfrac{x-1}{2}=\dfrac{y-1}{-3}=\dfrac{z-4}{2},\quad M: \dfrac{x-4}{3}=\dfrac{y-3}{3}=\dfrac{z-1}{-2}$

(3) $L: -\dfrac{x}{2}=\dfrac{y-3}{3}=z-2,\quad M: x-3=\dfrac{y+2}{-2}=z-2$

(4) $L: x-2=-y+1=\dfrac{z-4}{2},\quad M: \dfrac{x-1}{2}=\dfrac{y+3}{-2}=\dfrac{z-2}{4}$

◆**24** 2 直線 $x-1=y-2=z$, $x-2=\dfrac{y+5}{2}=-z+3$ の距離を求めよ．

◆**25** 空間内の次の平面の座標の方程式を求めよ．

(1) $(1,1,1)$ を法線ベクトルとし点 $(0,2,0)$ を通る平面

(2) 直線 $x=\dfrac{y-1}{2}=z-1$ および点 $(2,0,1)$ を含む平面

(3) 3 点 $(1,-1,1)$, $(2,1,2)$, $(-3,2,1)$ を通る平面

(4) 2 平面 $x-y+z=1$, $2x+y-3z=4$ の交線を含み点 $(0,0,0)$ を通る平面

(5) 2 球面 $(x-1)^2+y^2+(z-2)^2=9$, $x^2+(y-2)^2+(z+1)^2=25$ の交円を含む平面

(6) 球面 $x^2+(y+3)^2+(z-1)^2=2$ の点 $(1,-2,1)$ における接平面

(7) 2 点 $(1,-1,1)$, $(-1,2,1)$ からの距離がともに 1 で，原点を通る平面

◆**26** 2 平面 $ax+by+cz+d=0$, $a'x+b'y+c'z+d'=0$ が交線を持つとする．このとき，交線を含む平面は，実数 k, l $((k,l)\fallingdotseq(0,0))$ を用いて $k(ax+by+cz+d)+l(a'x+b'y+c'z+d')=0$ と書けることを示せ．

◆**27** 2 平面 $x+2y-3z=-1$, $3x-y-2z=4$ に対して次の問に答えよ．

(1) 2 平面のなす角を求めよ．

(2) 交線の方程式を求めよ．

(3) 交線を含み原点を通る平面を求めよ．

◆**28** 平面 $x-y-2z+2=0$ と直線 $\dfrac{x-3}{-2}=\dfrac{y+1}{-2}=z-1$ の交点およびなす角の余弦を求めよ．

◆**29** 空間内の 3 点 A, B, C が同一直線上にないとする．B, C を通る直線と A との距離が

$$\frac{|\overrightarrow{\mathrm{AB}} \times \overrightarrow{\mathrm{AC}}|}{|\overrightarrow{\mathrm{BC}}|}$$

となることを示せ．

◆**30** 空間内の 4 点 A, B, C, D が同一平面にないとする．B, C, D を通る平面と A との距離が

$$\frac{|[\![\overrightarrow{\mathrm{AB}}, \overrightarrow{\mathrm{AC}}, \overrightarrow{\mathrm{AD}}]\!]|}{|\overrightarrow{\mathrm{BC}} \times \overrightarrow{\mathrm{BD}}|}$$

となることを示せ．

◆**31** 原点から平面 $x + y + 2z + 4 = 0$ への距離を求めよ．

◆**32** 平面における次の円の座標の方程式を求めよ．

(1) 2 点 $(2, 3)$, $(-1, 2)$ を直径とする円

(2) 3 点 $(2, 1)$, $(3, 2)$, $(-1, 1)$ を通る円

(3) 2 円 $(x-1)^2 + (y+1)^2 = 4$, $x^2 + (y-2)^2 = 4$ の 2 交点および点 $(-2, 0)$ を通る円

(4) 円 $(x-2)^2 + (y+1)^2 = 4$ と直線 $x + 2y + 1 = 0$ の 2 交点および原点を通る円

◆**33** 平面内に互いに異なる 3 点 O, A, B を考え，$\overrightarrow{\mathrm{OA}} = \boldsymbol{a}$, $\overrightarrow{\mathrm{OB}} = \boldsymbol{b}$ とする．さらに点 P に対して $\overrightarrow{\mathrm{OP}} = \boldsymbol{p}$ としたとき，次の方程式を満たす点 P 全体はどのような図形になるか．

(1) $\boldsymbol{p} \cdot (\boldsymbol{p} - \boldsymbol{a}) = 0$　　(2) $|\boldsymbol{p} + \boldsymbol{a}|^2 = 4$

(3) $\boldsymbol{p} \cdot \boldsymbol{p} + (\boldsymbol{a} + \boldsymbol{b}) \cdot \boldsymbol{p} + \boldsymbol{a} \cdot \boldsymbol{b} = 0$　　(4) $\boldsymbol{a} \cdot \boldsymbol{p} + \boldsymbol{a} \cdot \boldsymbol{b} = 0$

◆**34** 空間における次の球面の座標の方程式を求めよ．

(1) 2 点 $(2, 1, -2)$, $(1, -1, 2)$ を直径とする球面

(2) 4 点 $(0, 0, 0)$, $(-1, 1, 1)$, $(1, -1, 1)$, $(1, 1, -1)$ を通る球面

(3) 球面 $(x+2)^2 + (y-1)^2 + (z-1)^2 = 4$ と平面 $x + y + z + 1 = 0$ の交円および点 $(1, -1, 0)$ を通る球面

◆**35** 2 球面

$$(x-1)^2 + (y+1)^2 + z^2 = 4, \ (x-3)^2 + (y-1)^2 + (z-1)^2 = 9$$

の交円の中心と半径を求めよ．

第2章

平面・空間における1次変換

この章では，平面と空間における 1 次変換について説明する．ベクトルに対する変換の中でもとりわけ基本的かつ重要な 1 次変換は行列によって表すことができ，行列の性質と深く結びついている．また，変換の対象となるベクトルを点の位置ベクトルとみなすことで点から点への変換を与えており，1 次変換を幾何的にとらえることもできる．

2.1 節では，行列や行列式についての定義や性質を学んだ後に 1 次変換を導入し，それが行列を用いて表されることを示す．また 1 次変換の種々の性質についても学ぶ．2.2 節では，1 次変換によって平面内や空間内の図形がどのような図形に写像されるかを説明する．2.3 節では，写像される図形の長さ，角，体積と 1 次変換との関係について述べる．なお，各節とも前半で平面内の変換について扱い，後半で空間内の変換について述べる．

2.1　1次変換と行列

この節では，1 次変換およびその行列による表現について学ぶが，1 次変換を定義する前に行列の基本演算について説明する．まず，行列は数を長方形のように並べたものである．以下は縦に m 行，横に n 列の合計 mn 個の数 a_{ij} を並べた $m \times n$ 行列の例である．

$$\begin{pmatrix} a_{11} & a_{12} & \cdots & a_{1n} \\ a_{21} & a_{22} & \cdots & a_{2n} \\ \vdots & \vdots & \ddots & \vdots \\ a_{m1} & a_{m2} & \cdots & a_{mn} \end{pmatrix} \begin{matrix} \text{第 1 行} \\ \text{第 2 行} \\ \vdots \\ \text{第 } m \text{ 行} \end{matrix}$$

第 1 列 第 2 列 $\cdots$ 第 n 列

行列に含まれる数 a_{ij} は**成分** (component, element) と呼ばれる．成分がすべて実数の行列を**実行列** (real matrix) という．また，任意の行の成分を取り出して作った横ベクトル

$$(a_{i1}\ a_{i2}\ \ldots\ a_{in})$$

を**行ベクトル** (row vector)，任意の列の成分を取り出して作った縦ベクトル

$$\begin{pmatrix} a_{1j} \\ a_{2j} \\ \vdots \\ a_{mj} \end{pmatrix}$$

を**列ベクトル** (column vector) という．なお，1つの行列を A のように文字で表すこともある．行列には和や積などの演算や行列式や逆行列が定義されるが，本書では一般的な定義を与える代わりに 2×2, 3×3 行列について定義や公式を順に説明する．

まず最初に登場するのは 2×2 行列である．以下では2次元ベクトルの成分表示は特に断らない限り $\begin{pmatrix} x \\ y \end{pmatrix}$ のように成分を縦に並べた形を用いることにする．

2×2 行列の演算

(1) 和 $\begin{pmatrix} a_{11} & a_{12} \\ a_{21} & a_{22} \end{pmatrix} + \begin{pmatrix} b_{11} & b_{12} \\ b_{21} & b_{22} \end{pmatrix} = \begin{pmatrix} a_{11}+b_{11} & a_{12}+b_{12} \\ a_{21}+b_{21} & a_{22}+b_{22} \end{pmatrix}$

(2) スカラー倍 $k\begin{pmatrix} a_{11} & a_{12} \\ a_{21} & a_{22} \end{pmatrix} = \begin{pmatrix} ka_{11} & ka_{12} \\ ka_{21} & ka_{22} \end{pmatrix}$

(3) 積 $\begin{pmatrix} a_{11} & a_{12} \\ a_{21} & a_{22} \end{pmatrix} \begin{pmatrix} b_{11} & b_{12} \\ b_{21} & b_{22} \end{pmatrix}$

$$= \begin{pmatrix} a_{11}b_{11} + a_{12}b_{21} & a_{11}b_{12} + a_{12}b_{22} \\ a_{21}b_{11} + a_{22}b_{21} & a_{21}b_{12} + a_{22}b_{22} \end{pmatrix}$$

注意 行列の積は交換法則 $AB = BA$ が一般に成り立たない.

(4) 行列 $A = \begin{pmatrix} a_{11} & a_{12} \\ a_{21} & a_{22} \end{pmatrix}$ とベクトル $\boldsymbol{v} = \begin{pmatrix} x \\ y \end{pmatrix}$ の積

$$A\boldsymbol{v} = \begin{pmatrix} a_{11} & a_{12} \\ a_{21} & a_{22} \end{pmatrix} \begin{pmatrix} x \\ y \end{pmatrix} = \begin{pmatrix} a_{11}x + a_{12}y \\ a_{21}x + a_{22}y \end{pmatrix}$$

(5) $E = \begin{pmatrix} 1 & 0 \\ 0 & 1 \end{pmatrix}$ を**単位行列** (unit matrix) といい，任意の行列 A に対して $EA = AE = A$ が成立する.

(6) $A = \begin{pmatrix} a_{11} & a_{12} \\ a_{21} & a_{22} \end{pmatrix}$ に対して $\det A$ を

$$\det A = a_{11}a_{22} - a_{12}a_{21}$$

で定義し，A の**行列式** (determinant) と呼ぶ．なお，$\det A$ の代わりに $|A|$ という記号を用いることもある.

(7) 2×2 行列 A に対してその**逆行列** (inverse matrix) A^{-1} を

$$AA^{-1} = A^{-1}A = E$$

が成り立つ 2×2 行列とする．任意の行列に対して常に逆行列が存在するのではなく，逆行列が存在する行列は**正則**(せいそく)(regular) であるという.

(8) $A = \begin{pmatrix} a_{11} & a_{12} \\ a_{21} & a_{22} \end{pmatrix}$ に対して $\det A \neq 0$ のとき，そしてそのときに限り逆行列 A^{-1} が存在し

$$A^{-1} = \frac{1}{\det A}\begin{pmatrix} a_{22} & -a_{12} \\ -a_{21} & a_{11} \end{pmatrix}$$ で与えられる．

(9)　$A = \begin{pmatrix} a_{11} & a_{12} \\ a_{21} & a_{22} \end{pmatrix}$ に対して ${}^tA = \begin{pmatrix} a_{11} & a_{21} \\ a_{12} & a_{22} \end{pmatrix}$ を A の**転置行列** (transposed matrix) という．${}^tA$ は A^T と表すこともある．

注意　成分がすべて 0 の行列 $\begin{pmatrix} 0 & 0 \\ 0 & 0 \end{pmatrix}$ を**零**(れい)**行列** (zero matrix) といい O と記す．

問　題

2.1.1　$A = \begin{pmatrix} 1 & 2 \\ 3 & 4 \end{pmatrix}$, $B = \begin{pmatrix} 2 & -1 \\ 0 & 1 \end{pmatrix}$, $\boldsymbol{v} = \begin{pmatrix} 2 \\ 1 \end{pmatrix}$ とする．以下の量を求めよ．

(1)　$A+B$	(2)　$2A$	(3)　AB	(4)　BA
(5)　$A\boldsymbol{v}$	(6)　$\det A$	(7)　$\det B$	(8)　A^{-1}
(9)　B^{-1}	(10)　${}^tA$	(11)　${}^tB$	

2.1.2　A, B, C を 2×2 行列，$\boldsymbol{v}, \boldsymbol{w}$ を 2 次元ベクトル，k を実数とする．以下の諸公式を示せ．

(1)　$A+B=B+A$	(2)　$A+(B+C)=(A+B)+C$
(3)　$A(B+C)=AB+AC$	(5)　$A(BC)=(AB)C$
(6)　$k(AB)=(kA)B=A(kB)$	(7)　$A(\boldsymbol{v}+\boldsymbol{w})=A\boldsymbol{v}+A\boldsymbol{w}$
(8)　$A(k\boldsymbol{v})=k(A\boldsymbol{v})$	(9)　$A(B\boldsymbol{v})=(AB)\boldsymbol{v}$

注意　この問題の (1), (2) より，和についてはどの順で和をとっても答が変わらないことがわかる．たとえば $((A+B)+C)+D = B+((D+C)+A)$．したがって複数の行列の和は $A_1 + A_2 + \cdots + A_k$ のように括弧を省略でき，項を入れ替えても差し支えない．

2.1.3　2×2 行列について $AB \neq BA$ となるための条件を示せ．また，$AB \neq BA$, $AB = BA$ となるような A, B の例をそれぞれ挙げよ．

注意　この問題および問題 2.1.2 (5) より，積については行列の順序を入れ替えなければどの順で積をとっても答が変わらないことがわかる．たとえば $((AB)C)D = A((BC)D)$．したがって複数の行列の積は $A_1A_2\cdots A_k$ のように括弧を省略できる．ただし項を入れ替えてはいけない．

2.1.4 以下を示せ．

(1)　$\det(AB) = \det A \cdot \det B$　　(2)　$\det A = \det {}^t A$

(3)　${}^t(AB) = {}^t B\, {}^t A$

例題 2.1.1

以下を示せ．

(1)　A が正則なら $\det A \fallingdotseq 0$.

(2)　$A = \begin{pmatrix} a_{11} & a_{12} \\ a_{21} & a_{22} \end{pmatrix}$ とする．$\det A \fallingdotseq 0$ なら逆行列は

$$A^{-1} = \frac{1}{\det A}\begin{pmatrix} a_{22} & -a_{12} \\ -a_{21} & a_{11} \end{pmatrix}$$

で与えられ，それ以外の逆行列は存在しない．

解答　(1)　正則行列 A の逆行列を A^{-1} とする．このとき $AA^{-1} = E$ の両辺の行列式をとると，左辺は問題 2.1.4 (1) より

$$\det(AA^{-1}) = \det A \cdot \det A^{-1}$$

右辺は $\det E = 1$. したがって $\det A \fallingdotseq 0$（かつ $\det A^{-1} = 1/\det A \fallingdotseq 0$）である．

(2)
$$\begin{pmatrix} a_{11} & a_{12} \\ a_{21} & a_{22} \end{pmatrix}\begin{pmatrix} a_{22} & -a_{12} \\ -a_{21} & a_{11} \end{pmatrix} = \begin{pmatrix} a_{22} & -a_{12} \\ -a_{21} & a_{11} \end{pmatrix}\begin{pmatrix} a_{11} & a_{12} \\ a_{21} & a_{22} \end{pmatrix} = \begin{pmatrix} \det A & 0 \\ 0 & \det A \end{pmatrix}$$

より $\det A \fallingdotseq 0$ なら $\dfrac{1}{\det A}\begin{pmatrix} a_{22} & -a_{12} \\ -a_{21} & a_{11} \end{pmatrix}$ が A の逆行列となることは明らか．

次に A の逆行列は 1 通りにしか存在しないことを示す．もし B と C が A の逆行列である，すなわち $AB = BA = E$, $AC = CA = E$ を満たすとすると

$$B = BE = B(AC) = (BA)C = EC = C$$

となり，B と C は等しい． ◆

問　題

2.1.5　2×2 行列 A, B の積の行列 AB が正則であるとする．以下を示せ．

(1)　A, B はともに正則である．

(2)　$(AB)^{-1} = B^{-1}A^{-1}$

例題 2.1.2

$A = \begin{pmatrix} a_1 & b_1 \\ a_2 & b_2 \end{pmatrix}$ とし $\boldsymbol{a} = \begin{pmatrix} a_1 \\ a_2 \end{pmatrix}$, $\boldsymbol{b} = \begin{pmatrix} b_1 \\ b_2 \end{pmatrix}$ とする．$\boldsymbol{a}$ と $\boldsymbol{b}$ が 1 次独立であるための必要十分条件は $\det A \fallingdotseq 0$ であることを示せ．

解答　p.14 問題 1.2.4 より $\boldsymbol{a}$, $\boldsymbol{b}$ が 1 次独立であるための必要十分条件は $[\![\boldsymbol{a}, \boldsymbol{b}]\!] = a_1b_2 - a_2b_1 \fallingdotseq 0$ である．A の定義から $[\![\boldsymbol{a}, \boldsymbol{b}]\!] = \det A$ であるので題意が成立する．◆

では，いよいよ 1 次変換を定義し，変換を行列で表そう．

2 次元ベクトルの 1 次変換

(1)　任意の 2 次元ベクトルに対して 2 次元ベクトルを対応づける変換 f を考える．すなわち，任意の $\boldsymbol{v}$ $(\in \boldsymbol{R}^2)$ に対して $f(\boldsymbol{v})$ $(\in \boldsymbol{R}^2)$ が与えられているとする．

注意　変換の一般的な定義については第 3 章 3.2 節を参照のこと．

このとき，以下の性質を満たす f を 2 次元ベクトルの **1 次変換** (linear transformation) もしくは**線形変換**という．

$$\begin{cases} f(\boldsymbol{v} + \boldsymbol{w}) = f(\boldsymbol{v}) + f(\boldsymbol{w}) & (\boldsymbol{v}, \boldsymbol{w} \in \boldsymbol{R}^2) \\ f(k\boldsymbol{v}) = kf(\boldsymbol{v}) & (k \in \boldsymbol{R}, \boldsymbol{v} \in \boldsymbol{R}^2) \end{cases}$$

(2)　2 次元ベクトルの 1 次変換 f は，適当な 2×2 実行列 A によって

$$f(\boldsymbol{v}) = A\boldsymbol{v}$$

と表すことができる．

例題 2.1.3

(1)　2×2 実行列 A が与えられているとする．任意の2次元ベクトル $\boldsymbol{v}$ に対して $f(\boldsymbol{v}) = A\boldsymbol{v}$ で定められる変換 f を考える．このとき f は1次変換であることを示せ．

(2)　今度は2次元ベクトルの1次変換 f が与えられているとする．$\boldsymbol{i} = \begin{pmatrix} 1 \\ 0 \end{pmatrix}$, $\boldsymbol{j} = \begin{pmatrix} 0 \\ 1 \end{pmatrix}$ とし，$\boldsymbol{i}, \boldsymbol{j}$ に対する変換 $f(\boldsymbol{i}) = \begin{pmatrix} a_{11} \\ a_{21} \end{pmatrix}$, $f(\boldsymbol{j}) = \begin{pmatrix} a_{12} \\ a_{22} \end{pmatrix}$ によって a_{ij} を定め，行列 A を $A = \begin{pmatrix} a_{11} & a_{12} \\ a_{21} & a_{22} \end{pmatrix}$ とする．このとき任意の $\boldsymbol{v}$ に対して $f(\boldsymbol{v}) = A\boldsymbol{v}$ となることを示せ．

解答　(1)　p.55 問題 2.1.2 (7), (8) によって $f(\boldsymbol{v}) = A\boldsymbol{v}$ が1次変換の性質を満たすことは明らか．

(2)　任意のベクトル $\boldsymbol{v} = \begin{pmatrix} x \\ y \end{pmatrix}$ は $\boldsymbol{v} = x\boldsymbol{i} + y\boldsymbol{j}$ と表せる．すると1次変換の性質より以下が導かれる．

$$\begin{aligned} f(\boldsymbol{v}) &= f(x\boldsymbol{i} + y\boldsymbol{j}) = f(x\boldsymbol{i}) + f(y\boldsymbol{j}) = xf(\boldsymbol{i}) + yf(\boldsymbol{j}) \\ &= x\begin{pmatrix} a_{11} \\ a_{21} \end{pmatrix} + y\begin{pmatrix} a_{12} \\ a_{22} \end{pmatrix} \\ &= \begin{pmatrix} a_{11}x + a_{12}y \\ a_{21}x + a_{22}y \end{pmatrix} = \begin{pmatrix} a_{11} & a_{12} \\ a_{21} & a_{22} \end{pmatrix}\begin{pmatrix} x \\ y \end{pmatrix} = A\boldsymbol{v} \end{aligned}$$ ◆

注意　以上より，1次変換 $f(\boldsymbol{v})$ は常に行列 A によって $A\boldsymbol{v}$ と表せ，逆に A を1つ与えれば $A\boldsymbol{v}$ が1次変換 $f(\boldsymbol{v})$ を定めることがわかる．すなわち1次変換は，$f(\boldsymbol{v} + \boldsymbol{w}) = f(\boldsymbol{v}) + f(\boldsymbol{w})$, $f(k\boldsymbol{v}) = kf(\boldsymbol{v})$ という1次変換が持つべき性質によって定義できると同時に，$f(\boldsymbol{v}) = A\boldsymbol{v}$ というように行列の演算によっても定義できる．

問　題

2.1.6　1次変換 f および1次独立な $\boldsymbol{a}, \boldsymbol{b}$ が与えられているとき次を示せ．

(1)　$f(\boldsymbol{a}) = f(\boldsymbol{b}) = \boldsymbol{0}$ ならば任意の $\boldsymbol{v}$ に対し $f(\boldsymbol{v}) = \boldsymbol{0}$ である．

(2)　$f(\boldsymbol{a}) = \boldsymbol{a}$, $f(\boldsymbol{b}) = \boldsymbol{b}$ ならば任意の $\boldsymbol{v}$ に対し $f(\boldsymbol{v}) = \boldsymbol{v}$ である．

(3)　$f(\boldsymbol{b}) = tf(\boldsymbol{a})$（$t$ は定数）ならば任意の $\boldsymbol{v}$ に対し $f(\boldsymbol{v}) = sf(\boldsymbol{a})$ となる．ただし s は $\boldsymbol{v}$ に依存して定まる数である．

ヒント　p.6 例題 1.1.4 より，任意のベクトル $\boldsymbol{v}$ は $\boldsymbol{a}$, $\boldsymbol{b}$ を用いて $\boldsymbol{v} = k_1\boldsymbol{a} + k_2\boldsymbol{b}$ と表すことができる．

例題 2.1.4

ベクトル $\boldsymbol{p} = \begin{pmatrix} p_1 \\ p_2 \end{pmatrix}$, $\boldsymbol{q} = \begin{pmatrix} q_1 \\ q_2 \end{pmatrix}$ は 1 次独立であるとする．$f(\boldsymbol{p}) = \begin{pmatrix} p_1' \\ p_2' \end{pmatrix}$, $f(\boldsymbol{q}) = \begin{pmatrix} q_1' \\ q_2' \end{pmatrix}$ となる 1 次変換 f を表す行列を求めよ．

解答　$[\![\boldsymbol{p}, \boldsymbol{q}]\!] = p_1q_2 - p_2q_1 \neq 0$ である．したがって行列 $T = \begin{pmatrix} p_1 & q_1 \\ p_2 & q_2 \end{pmatrix}$ は p.57 例題 2.1.2 より $\det T \neq 0$ であり逆行列を持つ．1 次変換を表す行列を A とすれば，$A\begin{pmatrix} p_1 & q_1 \\ p_2 & q_2 \end{pmatrix} = \begin{pmatrix} p_1' & q_1' \\ p_2' & q_2' \end{pmatrix}$ となるので

$$A = \begin{pmatrix} p_1' & q_1' \\ p_2' & q_2' \end{pmatrix} T^{-1} = \frac{1}{\det T}\begin{pmatrix} p_1' & q_1' \\ p_2' & q_2' \end{pmatrix}\begin{pmatrix} q_2 & -q_1 \\ -p_2 & p_1 \end{pmatrix}$$

$$= \frac{1}{p_1q_2 - q_1p_2}\begin{pmatrix} p_1'q_2 - q_1'p_2 & -p_1'q_1 + q_1'p_1 \\ p_2'q_2 - q_2'p_2 & -p_2'q_1 + q_2'p_1 \end{pmatrix}$$ ◆

次に，1 次変換を以下のように平面内の点から点への写像として与えよう．

平面内の 1 次変換

2 次元ベクトルの 1 次変換は，平面内の点の位置ベクトルの変換とみなすこともできる．すなわち 1 次変換を表す 2×2 実行列 A によって，平面内の点 $\mathrm{P}(x, y)$ は点 $\mathrm{P}'(x', y')$ へ次式によって写像される．

$$\begin{pmatrix} x' \\ y' \end{pmatrix} = A\begin{pmatrix} x \\ y \end{pmatrix}$$

以下に代表的な 1 次変換を表す行列を挙げる．

1 次変換の例

恒等変換	$\begin{pmatrix} 1 & 0 \\ 0 & 1 \end{pmatrix}$,	x 軸についての対称移動	$\begin{pmatrix} 1 & 0 \\ 0 & -1 \end{pmatrix}$,
y 軸についての対称移動	$\begin{pmatrix} -1 & 0 \\ 0 & 1 \end{pmatrix}$,	原点についての対称移動	$\begin{pmatrix} -1 & 0 \\ 0 & -1 \end{pmatrix}$,
x 軸への正射影	$\begin{pmatrix} 1 & 0 \\ 0 & 0 \end{pmatrix}$,	y 軸への正射影	$\begin{pmatrix} 0 & 0 \\ 0 & 1 \end{pmatrix}$,
相似変換	$\begin{pmatrix} a & 0 \\ 0 & a \end{pmatrix}$,	x 軸方向の拡大	$\begin{pmatrix} a & 0 \\ 0 & 1 \end{pmatrix}$,
y 軸方向の拡大	$\begin{pmatrix} 1 & 0 \\ 0 & a \end{pmatrix}$,	原点まわりの回転	$\begin{pmatrix} \cos\theta & -\sin\theta \\ \sin\theta & \cos\theta \end{pmatrix}$

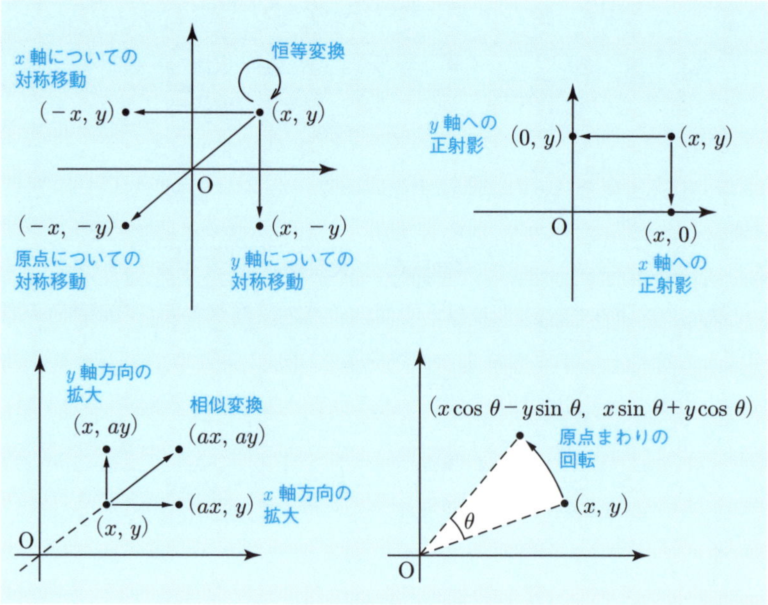

例題 2.1.5

$0 \leqq \theta < 2\pi$ とする．行列 $\begin{pmatrix} \cos\theta & -\sin\theta \\ \sin\theta & \cos\theta \end{pmatrix}$ で表される 1 次変換によって，任意の点は原点を中心に左回りに θ だけ回転移動することを示せ．

解答 $\begin{pmatrix} \cos\theta & -\sin\theta \\ \sin\theta & \cos\theta \end{pmatrix}\begin{pmatrix} x \\ y \end{pmatrix} = \begin{pmatrix} x\cos\theta - y\sin\theta \\ x\sin\theta + y\cos\theta \end{pmatrix}$ となるので，$\mathrm{P}(x, y)$, $\mathrm{Q}(x\cos\theta - y\sin\theta, x\sin\theta + y\cos\theta)$ として，次の 3 つを示せばよい．

(1) $|\overrightarrow{\mathrm{OP}}| = |\overrightarrow{\mathrm{OQ}}|$

(2) $\overrightarrow{\mathrm{OP}}$ と $\overrightarrow{\mathrm{OQ}}$ のなす角の余弦は $\cos\theta$

(3) $\overrightarrow{\mathrm{OP}}$ から見て $\overrightarrow{\mathrm{OQ}}$ とのなす角が，$0 < \theta < \pi$ のときは左回りの方が小さく，$\pi < \theta < 2\pi$ のときは右回りの方が小さい．

それぞれは以下のように示される．

(1) $|\overrightarrow{\mathrm{OQ}}|^2 = (x\cos\theta - y\sin\theta)^2 + (x\sin\theta + y\cos\theta)^2 = x^2 + y^2 = |\overrightarrow{\mathrm{OP}}|^2$

(2) $\dfrac{\overrightarrow{\mathrm{OP}} \cdot \overrightarrow{\mathrm{OQ}}}{|\overrightarrow{\mathrm{OP}}|\,|\overrightarrow{\mathrm{OQ}}|} = \dfrac{x^2\cos\theta - xy\sin\theta + xy\sin\theta + y^2\cos\theta}{x^2 + y^2} = \cos\theta$

(3) $[\![\overrightarrow{\mathrm{OP}}, \overrightarrow{\mathrm{OQ}}]\!] = x(x\sin\theta + y\cos\theta) - y(x\cos\theta - y\sin\theta) = (x^2 + y^2)\sin\theta$.
これは $0 < \theta < \pi$ のとき正で，$\pi < \theta < 2\pi$ のとき負となるので，p.14 例題 1.2.1 より (3) が示せた．

補足　上の例題では $0 \leqq \theta < 2\pi$ に限定したが，θ に 2π の整数倍を加えても，行列も回転後の点の座標も変わらないので，任意の実数 θ について題意は成り立つ．◆

例題 2.1.6

直線 $y = ax$（a は定数）が与えられているとする．点 (p, q) からこの直線に下ろした垂線の足の座標を求めよ．このことより，この直線への正射影（垂線の足へ写像する 1 次変換）を表す行列を求めよ．

解答 直線上の垂線の足の座標を (t, at) とすれば，ベクトル $\begin{pmatrix} p - t \\ q - at \end{pmatrix}$ と直線の方向ベクトル $\begin{pmatrix} 1 \\ a \end{pmatrix}$ は直交するので，$p - t + a(q - at) = 0$ となる．これを t について解けば，$t = \dfrac{p + aq}{1 + a^2}$．よって垂線の足は $\left(\dfrac{p + aq}{1 + a^2}, \dfrac{ap + a^2q}{1 + a^2}\right)$ であり，この直線への正射影を表す行列は $\dfrac{1}{1 + a^2}\begin{pmatrix} 1 & a \\ a & a^2 \end{pmatrix}$．◆

問　題

2.1.7 直線 $y = ax$（a は定数）が与えられているとする．この直線について点 (p, q) と対称な位置にある点の座標を求めよ．このことより，この直線についての対称移動を表す行列を求めよ．

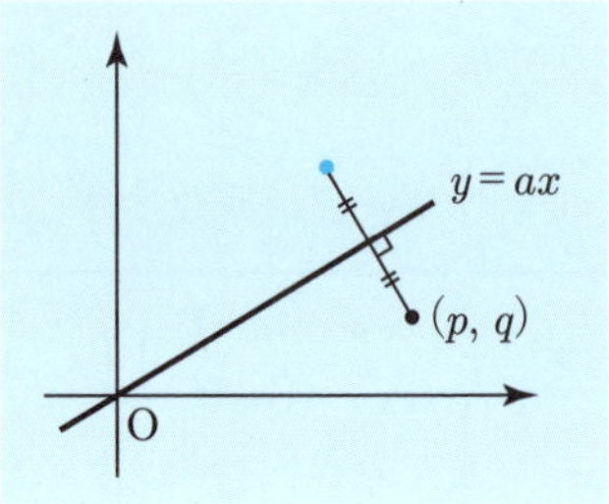

1 次変換を連続して行う操作を**合成** (composition) と呼び，以下のように定める．

1 次変換の合成と行列の積

1 次変換 f, g に対して，変換 f を行った後に g を行う 1 次変換の合成 $g \circ f$ を考える．すなわち $g \circ f(\boldsymbol{v}) = g(f(\boldsymbol{v}))$ である．このとき f, g を表す行列をそれぞれ A, B とすると，$g \circ f$ を表す行列は BA となる．すなわち $g \circ f(\boldsymbol{v}) = (BA)\boldsymbol{v}$ となる．

例題 2.1.7

1 次変換 f, g を表す行列をそれぞれ A, B とすると，$g \circ f$ を表す行列は BA となることを示せ．

解答 $g \circ f(\boldsymbol{v}) = g(f(\boldsymbol{v})) = B(A\boldsymbol{v})$ であるが，p.55 問題 2.1.2 (9) よりさらに $B(A\boldsymbol{v}) = (BA)\boldsymbol{v}$ となる． ◆

問　題

2.1.8 回転の合成を利用して正弦関数，余弦関数の加法定理を示せ．

与えられた 1 次変換が正則であるか否かは，その 1 次変換のふるまいを知る上でたいへん重要である．この性質を定義する前に次の例題を解いておこう．

例題 2.1.8

1 次変換 f について次の 4 つの条件は同値であることを示せ．

(1)　f を表す行列が正則　　(2)　f が全射

(3)　$f(\boldsymbol{v})=\boldsymbol{0}$ ならば $\boldsymbol{v}=\boldsymbol{0}$　　(4)　f が単射

ここで，f が全射とは，任意のベクトル $\boldsymbol{w}$ に対して $\boldsymbol{w}=f(\boldsymbol{v})$ となる $\boldsymbol{v}$ が存在することである．また，f が単射とは，$f(\boldsymbol{v})=f(\boldsymbol{w})$ ならば $\boldsymbol{v}=\boldsymbol{w}$ となることである．全射・単射については第 3 章で詳しく学ぶ．

解答　(1) ⇒ (2) ⇒ (3) ⇒ (4) ⇒ (1) を順に示せば，同値性が成り立つ．f を表す行列を $A=\begin{pmatrix} a_{11} & a_{12} \\ a_{21} & a_{22} \end{pmatrix}$ とする．

(1) ⇒ (2)：仮定より A は正則である，すなわち A^{-1} が存在する．そこで，任意の $\boldsymbol{w}$ に対し $\boldsymbol{v}=A^{-1}\boldsymbol{w}$ とすれば，$f(\boldsymbol{v})=AA^{-1}\boldsymbol{w}=\boldsymbol{w}$ となる．

(2) ⇒ (3)：$\boldsymbol{a}\neq\boldsymbol{0}$ かつ $f(\boldsymbol{a})=\boldsymbol{0}$ を満たす $\boldsymbol{a}$ があると仮定して矛盾を導く．$\boldsymbol{a}$ と平行でなく零ベクトルでない $\boldsymbol{b}$ を考えると $\boldsymbol{a}$ と $\boldsymbol{b}$ は 1 次独立である．したがって任意の 2 次元ベクトルは $s\boldsymbol{a}+t\boldsymbol{b}$ の形で表せ，$f(s\boldsymbol{a}+t\boldsymbol{b})=sf(\boldsymbol{a})+tf(\boldsymbol{b})=tf(\boldsymbol{b})$ となる．ところが $tf(\boldsymbol{b})$ で表せないベクトル $\boldsymbol{c}$ は必ず存在するので $f(\boldsymbol{v})=\boldsymbol{c}$ となる $\boldsymbol{v}$ が存在しない．このことは f が全射であることに矛盾し，よって最初に仮定したような $\boldsymbol{a}$ は存在しない．

(3) ⇒ (4)：$f(\boldsymbol{v})=f(\boldsymbol{w})$ とすると $f(\boldsymbol{v}-\boldsymbol{w})=\boldsymbol{0}$ となるので，仮定より $\boldsymbol{v}-\boldsymbol{w}=\boldsymbol{0}$.

(4) ⇒ (1)：f を表す行列を $A=\begin{pmatrix} a_{11} & a_{12} \\ a_{21} & a_{22} \end{pmatrix}$ とする．仮定より $f(\boldsymbol{v})=f(\boldsymbol{0})$ ならば $\boldsymbol{v}=\boldsymbol{0}$ が成り立つので

$$\begin{pmatrix} a_{11} & a_{12} \\ a_{21} & a_{22} \end{pmatrix}\begin{pmatrix} x \\ y \end{pmatrix}=\begin{pmatrix} a_{11}x+a_{12}y \\ a_{21}x+a_{22}y \end{pmatrix}=x\begin{pmatrix} a_{11} \\ a_{21} \end{pmatrix}+y\begin{pmatrix} a_{12} \\ a_{22} \end{pmatrix}=\begin{pmatrix} 0 \\ 0 \end{pmatrix}$$

を満たす x, y は $x=y=0$ のみである．したがって $\begin{pmatrix} a_{11} \\ a_{21} \end{pmatrix}$ と $\begin{pmatrix} a_{12} \\ a_{22} \end{pmatrix}$ は 1 次独立であり，p.57 例題 2.1.2 より $\det A\neq 0$ となるので A は正則．◆

一般に変換（写像）の正則性は，その変換が**全単射**すなわち全射かつ単射であることで定義する．1 次変換の場合は上の例題によって全射であることと

単射であることは同値であり，変換を表す行列が正則であることにも等しい．

正則な 1 次変換

1 次変換 f が全単射であるとき f は**正則** (regular) であるという．また，この条件は f を表す行列が正則であることに等しい．

写像しても動かない点を**不動点** (fixed point) といい，1 次変換の性質を知る上で重要な手がかりとなる．

平面内の不動点

ある点が 1 次変換 f によって同じ点に写像されるとき，その点を f の不動点という．したがって不動点の位置ベクトル $\boldsymbol{v}$ は $f(\boldsymbol{v}) = \boldsymbol{v}$ を満たす．原点は任意の 1 次変換の不動点である．

問　題

2.1.9 (1)　原点は任意の 1 次変換の不動点であることを示せ．

(2)　1 次変換 f に対して原点 O 以外に不動点 P が存在するとき，直線 OP 上の点はすべて不動点になることを示せ．

(3)　1 次変換 f に対して原点 O 以外に不動点 P, Q が存在し，O, P, Q が同一直線上にないとき，f が恒等変換になることを示せ．

例題 2.1.9

1 次変換 f を表す行列を A とする．次を示せ．

『f に原点以外の不動点が存在する $\Leftrightarrow$ $A - E$ が正則でない』

解答　p.63 例題 2.1.8 の (1) と (3) の同値性より，1 次変換を表す行列を B とすると,『B が正則でない $\Leftrightarrow$ $B\boldsymbol{v} = \boldsymbol{0}$ を満たす $\boldsymbol{v}$ が $\boldsymbol{0}$ 以外に存在する』ということがわかる．そこで本例題において『原点以外の不動点が存在 $\Leftrightarrow$ $A\boldsymbol{v} = \boldsymbol{v}$, $\boldsymbol{v} \neq \boldsymbol{0}$ となる $\boldsymbol{v}$ が存在 $\Leftrightarrow$ $(A - E)\boldsymbol{v} = \boldsymbol{0}$, $\boldsymbol{v} \neq \boldsymbol{0}$ となる $\boldsymbol{v}$ が存在 $\Leftrightarrow$ $A - E$ が正則でない』となる． ◆

1 次変換において，ある点に写像される元の点はどれかということを調べるには，その変換の**逆変換** (inverse transformation) を考えればよい．ここでは正則な 1 次変換の逆変換について説明する．

正則な 1 次変換の逆変換

正則な 1 次変換 f に対して $f \circ g$ および $g \circ f$ が恒等変換となるような 1 次変換 g が常に存在する．この g を f の**逆変換**といい，f^{-1} で表す．f を表す行列を A とすると，f^{-1} を表す行列は逆行列 A^{-1} となる．

例題 2.1.10

1 次変換 f は正則であり，変換 g に対し $f \circ g$ が恒等変換になるとする．

(1)　g も 1 次変換であることを示せ．

(2)　f を表す行列を A とすると g を表す行列が A^{-1} となることを示せ．

解答　(1)　$f \circ g$ が恒等変換であるので，任意のベクトル $\boldsymbol{v}$ に対して $f \circ g(\boldsymbol{v}) = f(g(\boldsymbol{v})) = \boldsymbol{v}$ となる．f は 1 次変換なので

$$\begin{aligned} f(g(\boldsymbol{v}+\boldsymbol{w})) &= \boldsymbol{v}+\boldsymbol{w} = f(g(\boldsymbol{v})) + f(g(\boldsymbol{w})) = f(g(\boldsymbol{v})+g(\boldsymbol{w})), \\ f(g(k\boldsymbol{v})) &= k\boldsymbol{v} = kf(g(\boldsymbol{v})) = f(kg(\boldsymbol{v})) \end{aligned}$$

が成り立つ．さらに f は正則なので p.63 例題 2.1.8 (4) の単射が成り立ち，上の 2 つの式の最左右辺を比較すると

$$g(\boldsymbol{v}+\boldsymbol{w}) = g(\boldsymbol{v}) + g(\boldsymbol{w}), \qquad g(k\boldsymbol{v}) = kg(\boldsymbol{v})$$

が得られる．これより g は 1 次変換である．

注意　$g \circ f$ が恒等変換となる場合も，f が全射であること（p.63 例題 2.1.8 (2)）を用いて g が 1 次変換であることを証明できる．

(2)　g を表す行列を B とすると $f \circ g$ を表す行列は p.62 例題 2.1.7 より AB となる．これが恒等変換であるので $AB = E$ である．したがって両辺に左から A^{-1} をかけて $B = A^{-1}$．◆

問　題

2.1.10 原点まわりの角 θ の回転を表す1次変換の逆変換を求めよ．

2.1.11 (1)　直線 $y = x\tan\theta$ についての対称移動を表す行列を，原点まわりの $\pm\theta$ 回転と x 軸についての対称移動の合成を利用して求めよ．

(2)　(1) と同じ直線への正射影を表す行列を，原点まわりの $\pm\theta$ 回転と x 軸への正射影の合成を利用して求めよ．

次に3次元ベクトルの1次変換について話題を進めるが，その前に 3×3 行列の演算について説明する．

3×3 行列の演算

(1)　和 $\begin{pmatrix} a_{11} & a_{12} & a_{13} \\ a_{21} & a_{22} & a_{23} \\ a_{31} & a_{32} & a_{33} \end{pmatrix} + \begin{pmatrix} b_{11} & b_{12} & b_{13} \\ b_{21} & b_{22} & b_{23} \\ b_{31} & b_{32} & b_{33} \end{pmatrix}$

$$= \begin{pmatrix} a_{11}+b_{11} & a_{12}+b_{12} & a_{13}+b_{13} \\ a_{21}+b_{21} & a_{22}+b_{22} & a_{23}+b_{23} \\ a_{31}+b_{31} & a_{32}+b_{32} & a_{33}+b_{33} \end{pmatrix}$$

(2)　スカラー倍 $k\begin{pmatrix} a_{11} & a_{12} & a_{13} \\ a_{21} & a_{22} & a_{23} \\ a_{31} & a_{32} & a_{33} \end{pmatrix} = \begin{pmatrix} ka_{11} & ka_{12} & ka_{13} \\ ka_{21} & ka_{22} & ka_{23} \\ ka_{31} & ka_{32} & ka_{33} \end{pmatrix}$

(3)　積 $\begin{pmatrix} a_{11} & a_{12} & a_{13} \\ a_{21} & a_{22} & a_{23} \\ a_{31} & a_{32} & a_{33} \end{pmatrix}\begin{pmatrix} b_{11} & b_{12} & b_{13} \\ b_{21} & b_{22} & b_{23} \\ b_{31} & b_{32} & b_{33} \end{pmatrix}$

$$= \begin{pmatrix} a_{11}b_{11}+a_{12}b_{21}+a_{13}b_{31} & a_{11}b_{12}+a_{12}b_{22}+a_{13}b_{32} & a_{11}b_{13}+a_{12}b_{23}+a_{13}b_{33} \\ a_{21}b_{11}+a_{22}b_{21}+a_{23}b_{31} & a_{21}b_{12}+a_{22}b_{22}+a_{23}b_{32} & a_{21}b_{13}+a_{22}b_{23}+a_{23}b_{33} \\ a_{31}b_{11}+a_{32}b_{21}+a_{33}b_{31} & a_{31}b_{12}+a_{32}b_{22}+a_{33}b_{32} & a_{31}b_{13}+a_{32}b_{23}+a_{33}b_{33} \end{pmatrix}$$

注意　行列の積は交換法則 $AB = BA$ が一般に成り立たない．

(4)　行列 $A = \begin{pmatrix} a_{11} & a_{12} & a_{13} \\ a_{21} & a_{22} & a_{23} \\ a_{31} & a_{32} & a_{33} \end{pmatrix}$ とベクトル $\boldsymbol{v} = \begin{pmatrix} x \\ y \\ z \end{pmatrix}$ の積

$$A\boldsymbol{v} = \begin{pmatrix} a_{11} & a_{12} & a_{13} \\ a_{21} & a_{22} & a_{23} \\ a_{31} & a_{32} & a_{33} \end{pmatrix} \begin{pmatrix} x \\ y \\ z \end{pmatrix} = \begin{pmatrix} a_{11}x + a_{12}y + a_{13}z \\ a_{21}x + a_{22}y + a_{23}z \\ a_{31}x + a_{32}y + a_{33}z \end{pmatrix}$$

(5)　$E = \begin{pmatrix} 1 & 0 & 0 \\ 0 & 1 & 0 \\ 0 & 0 & 1 \end{pmatrix}$ を**単位行列**といい，任意の行列 A に対して $EA = AE = A$ が成立する．

(6)　$A = \begin{bmatrix} a_{11} & a_{12} & a_{13} \\ a_{21} & a_{22} & a_{23} \\ a_{31} & a_{32} & a_{33} \end{bmatrix}$ の**行列式** $\det A$ を

$$\begin{aligned} \det A = {} & a_{11}a_{22}a_{33} + a_{12}a_{23}a_{31} + a_{13}a_{21}a_{32} \\ & - a_{11}a_{32}a_{23} - a_{21}a_{12}a_{33} - a_{31}a_{22}a_{13} \end{aligned}$$

で定義する．なお，$\det A$ の代わりに $|A|$ という記号を用いることもある．

(7)　3×3 行列 A に対してその**逆行列** A^{-1} を

$$AA^{-1} = A^{-1}A = E$$

が成り立つ 3×3 行列とする．任意の行列に対して常に逆行列が存在するのではなく，逆行列が存在する行列は**正則**であるという．

(8)　$A = \begin{pmatrix} a_{11} & a_{12} & a_{13} \\ a_{21} & a_{22} & a_{23} \\ a_{31} & a_{32} & a_{33} \end{pmatrix}$ に対して $\det A \fallingdotseq 0$ のとき，そしてそのと

きに限り逆行列 A^{-1} が存在し

$$A^{-1}=\frac{1}{\det A}\begin{pmatrix} a_{22}a_{33}-a_{23}a_{32} & a_{13}a_{32}-a_{12}a_{33} & a_{12}a_{23}-a_{13}a_{22} \\ a_{23}a_{31}-a_{21}a_{33} & a_{11}a_{33}-a_{13}a_{31} & a_{13}a_{21}-a_{11}a_{23} \\ a_{21}a_{32}-a_{22}a_{31} & a_{12}a_{31}-a_{11}a_{32} & a_{11}a_{22}-a_{12}a_{21} \end{pmatrix}$$

で与えられる．

(9)　$A=\begin{pmatrix} a_{11} & a_{12} & a_{13} \\ a_{21} & a_{22} & a_{23} \\ a_{31} & a_{32} & a_{33} \end{pmatrix}$ に対して ${}^tA=\begin{pmatrix} a_{11} & a_{21} & a_{31} \\ a_{12} & a_{22} & a_{32} \\ a_{13} & a_{23} & a_{33} \end{pmatrix}$ を A の**転置行列**という．${}^tA$ は A^T と表すこともある．

注意　2×2 行列と同様に，成分がすべて 0 の行列 $\begin{pmatrix} 0 & 0 & 0 \\ 0 & 0 & 0 \\ 0 & 0 & 0 \end{pmatrix}$ を**零**(れい)**行列**といい O と記す．

問　題

2.1.12 $A=\begin{pmatrix} 2 & 1 & 0 \\ -1 & 1 & 1 \\ 0 & 1 & 1 \end{pmatrix}$, $B=\begin{pmatrix} 1 & -2 & 1 \\ 0 & 1 & -1 \\ 1 & 2 & 1 \end{pmatrix}$, $\boldsymbol{v}=\begin{pmatrix} 1 \\ -1 \\ 2 \end{pmatrix}$ とする．以下の量を求めよ．

(1)　$A+B$　　(2)　$2A$　　(3)　AB　　(4)　BA

(5)　$A\boldsymbol{v}$　　(6)　$\det A$　　(7)　$\det B$　　(8)　A^{-1}

(9)　B^{-1}　　(10)　${}^tA$　　(11)　${}^tB$

2.1.13 A, B, C を 3×3 行列，$\boldsymbol{v}, \boldsymbol{w}$ を 3 次元ベクトル，k を実数とする．以下の諸公式を示せ．

(1)　$A+B=B+A$

(2)　$A+(B+C)=(A+B)+C$

(3)　$A(B+C)=AB+AC$　　(5)　$A(BC)=(AB)C$

(6)　$k(AB)=(kA)B=A(kB)$　　(7)　$A(\boldsymbol{v}+\boldsymbol{w})=A\boldsymbol{v}+A\boldsymbol{w}$

(8)　$A(k\boldsymbol{v})=k(A\boldsymbol{v})$　　(9)　$A(B\boldsymbol{v})=(AB)\boldsymbol{v}$

2.1.14 以下を示せ.

(1)　$\det(AB) = \det A \cdot \det B$

(2)　$\det A = \det {}^tA$

(3)　${}^t(AB) = {}^tB\,{}^tA$

注意　上の 2 つの問題に出てくるすべての公式は，2×2 行列に関する p.55 問題 2.1.2, p.56 問題 2.1.4 の公式と同じ形である.

2.1.15 以下を示せ.

『3×3 行列 $A = \begin{pmatrix} a_{11} & a_{12} & a_{13} \\ a_{21} & a_{22} & a_{23} \\ a_{31} & a_{32} & a_{33} \end{pmatrix}$ は $\det A \neq 0$ のとき，そしてそのときに限り逆行列 A^{-1} が存在し

$$A^{-1} = \frac{1}{\det A} \begin{pmatrix} a_{22}a_{33} - a_{23}a_{32} & a_{13}a_{32} - a_{12}a_{33} & a_{12}a_{23} - a_{13}a_{22} \\ a_{23}a_{31} - a_{21}a_{33} & a_{11}a_{33} - a_{13}a_{31} & a_{13}a_{21} - a_{11}a_{23} \\ a_{21}a_{32} - a_{22}a_{31} & a_{12}a_{31} - a_{11}a_{32} & a_{11}a_{22} - a_{12}a_{21} \end{pmatrix}$$

で与えられる.』

ヒント　p.56 例題 2.1.1 と同様の証明を行えばよい.

2.1.16 3×3 行列 A, B の積の行列 AB が正則であるとする．以下を示せ.

(1)　A, B はともに正則である.

(2)　$(AB)^{-1} = B^{-1}A^{-1}$

2.1.17 3×3 行列 $A = \begin{pmatrix} a_{11} & a_{12} & a_{13} \\ a_{21} & a_{22} & a_{23} \\ a_{31} & a_{32} & a_{33} \end{pmatrix}$ の第 1, 2, 3 列ベクトルをそれぞれ $\boldsymbol{a}_1$, $\boldsymbol{a}_2$, $\boldsymbol{a}_3$ とする．このとき以下を示せ.

(1)　$\det A$ はスカラー 3 重積 $[\![\boldsymbol{a}_1, \boldsymbol{a}_2, \boldsymbol{a}_3]\!]$ に等しい.

(2)　A が正則 $\Leftrightarrow$ $\boldsymbol{a}_1$, $\boldsymbol{a}_2$, $\boldsymbol{a}_3$ が 1 次独立.

(3)　$(\det A)A^{-1}$ の第 1, 2, 3 行ベクトルは，外積 $\times$ を用いてそれぞれ $\boldsymbol{a}_2 \times \boldsymbol{a}_3$, $\boldsymbol{a}_3 \times \boldsymbol{a}_1$, $\boldsymbol{a}_1 \times \boldsymbol{a}_2$ に等しい.

次に 3 次元ベクトルの 1 次変換を定義する.

3 次元ベクトルの 1 次変換

(1) 任意の 3 次元ベクトルに対して 3 次元ベクトルを対応づける変換 f を考える．すなわち，任意の $\boldsymbol{v}$ ($\in \boldsymbol{R}^3$) に対して $f(\boldsymbol{v})$ ($\in \boldsymbol{R}^3$) が与えられているとする．

このとき，以下の性質を満たす f を 3 次元ベクトルの **1 次変換**もしくは**線形変換**という．

$$\begin{cases} f(\boldsymbol{v}+\boldsymbol{w}) = f(\boldsymbol{v}) + f(\boldsymbol{w}) & (\boldsymbol{v}, \boldsymbol{w} \in \boldsymbol{R}^3) \\ f(k\boldsymbol{v}) = kf(\boldsymbol{v}) & (k \in \boldsymbol{R}, \boldsymbol{v} \in \boldsymbol{R}^3) \end{cases}$$

(2) 3 次元ベクトルの 1 次変換 f は，適当な 3×3 実行列 A によって

$$f(\boldsymbol{v}) = A\boldsymbol{v}$$

と表すことができる．

問 題

2.1.18 p.58 例題 2.1.3 を参考にして，上の (2) を示せ．

空間内の 1 次変換

3 次元ベクトルの 1 次変換は空間内の点の位置ベクトルの変換とみなすこともできる．すなわち 1 次変換を与える 3×3 実行列 A によって，空間内の点 $\mathrm{P}(x, y, z)$ は点 $\mathrm{P}'(x', y', z')$ へ次式によって写像される．

$$\begin{pmatrix} x' \\ y' \\ z' \end{pmatrix} = A \begin{pmatrix} x \\ y \\ z \end{pmatrix}$$

以下に簡単な 1 次変換を表す行列を挙げる．

1 次変換の例

恒等変換 $\begin{pmatrix} 1 & 0 & 0 \\ 0 & 1 & 0 \\ 0 & 0 & 1 \end{pmatrix}$，　原点についての対称移動 $\begin{pmatrix} -1 & 0 & 0 \\ 0 & -1 & 0 \\ 0 & 0 & -1 \end{pmatrix}$，

相似変換 $\begin{pmatrix} a & 0 & 0 \\ 0 & a & 0 \\ 0 & 0 & a \end{pmatrix}$，　x 軸方向の拡大 $\begin{pmatrix} a & 0 & 0 \\ 0 & 1 & 0 \\ 0 & 0 & 1 \end{pmatrix}$，

y 軸方向の拡大 $\begin{pmatrix} 1 & 0 & 0 \\ 0 & a & 0 \\ 0 & 0 & 1 \end{pmatrix}$，　z 軸方向の拡大 $\begin{pmatrix} 1 & 0 & 0 \\ 0 & 1 & 0 \\ 0 & 0 & a \end{pmatrix}$

問　題

2.1.19 次の 1 次変換を表す行列を求めよ．

(1)　xy 平面についての対称移動

(2)　x 軸についての対称移動

(3)　z 軸まわりの角 θ 回転（ただし，z 軸の正方向から見て左回りになる向きを正の角の回転とする）

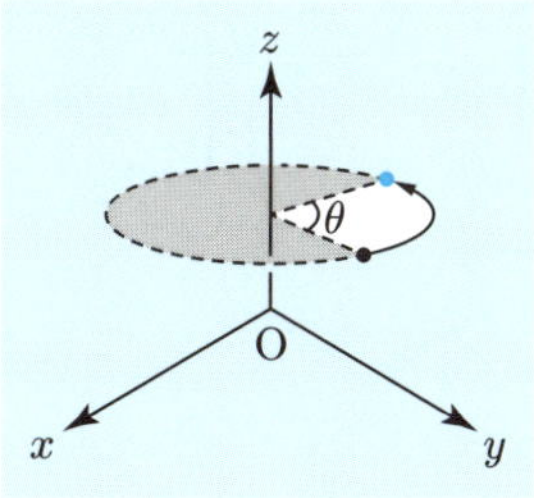

例題 2.1.11

空間内に 3 点 $\mathrm{P}(p_1, p_2, p_3)$, $\mathrm{Q}(q_1, q_2, q_3)$, $\mathrm{R}(r_1, r_2, r_3)$ が与えられており，P, Q, R および原点は同一平面内にないとする．P を $\mathrm{P}'(p'_1, p'_2, p'_3)$, Q を $\mathrm{Q}'(q'_1, q'_2, q'_3)$，R を $\mathrm{R}'(r'_1, r'_2, r'_3)$ に写像する 1 次変換 f を表す行列 A を求めよ．

解答 P, Q, R の位置ベクトルをそれぞれ $\boldsymbol{p} = \begin{pmatrix} p_1 \\ p_2 \\ p_3 \end{pmatrix}$, $\boldsymbol{q} = \begin{pmatrix} q_1 \\ q_2 \\ q_3 \end{pmatrix}$, $\boldsymbol{r} = \begin{pmatrix} r_1 \\ r_2 \\ r_3 \end{pmatrix}$ とするとそれらは 1 次独立である．さらに，行列 T を $T = \begin{pmatrix} p_1 & q_1 & r_1 \\ p_2 & q_2 & r_2 \\ p_3 & q_3 & r_3 \end{pmatrix}$ とすると p.69 問題 2.1.17 (2) より T は正則である．また

$$AT = A \begin{pmatrix} p_1 & q_1 & r_1 \\ p_2 & q_2 & r_2 \\ p_3 & q_3 & r_3 \end{pmatrix}$$

$$= \begin{pmatrix} p'_1 & q'_1 & r'_1 \\ p'_2 & q'_2 & r'_2 \\ p'_3 & q'_3 & r'_3 \end{pmatrix}$$

となるので次式が得られる．

$$A = \begin{pmatrix} p'_1 & q'_1 & r'_1 \\ p'_2 & q'_2 & r'_2 \\ p'_3 & q'_3 & r'_3 \end{pmatrix} \begin{pmatrix} p_1 & q_1 & r_1 \\ p_2 & q_2 & r_2 \\ p_3 & q_3 & r_3 \end{pmatrix}^{-1}$$

なお，A の各成分の具体形は省略する． ◆

問 題

2.1.20 1次変換 f および1次独立な $\boldsymbol{a}, \boldsymbol{b}, \boldsymbol{c}$ が与えられているとき次を示せ．

(1) $f(\boldsymbol{a}) = f(\boldsymbol{b}) = f(\boldsymbol{c}) = \boldsymbol{0}$ ならば，任意の $\boldsymbol{v}$ に対し

$$f(\boldsymbol{v}) = \boldsymbol{0}$$

である．

(2) $f(\boldsymbol{a}) = \boldsymbol{a}, f(\boldsymbol{b}) = \boldsymbol{b}, f(\boldsymbol{c}) = \boldsymbol{c}$ ならば，任意の $\boldsymbol{v}$ に対し

$$f(\boldsymbol{v}) = \boldsymbol{v}$$

である．

(3) $f(\boldsymbol{c}) = sf(\boldsymbol{a}) + tf(\boldsymbol{b})$（$s, t$ は定数）ならば，任意の $\boldsymbol{v}$ に対し

$$f(\boldsymbol{v}) = uf(\boldsymbol{a}) + u'(\boldsymbol{b})$$

と表せる．ただし u, u' は $\boldsymbol{v}$ に依存して定まる数である．

(4) $f(\boldsymbol{b}) = sf(\boldsymbol{a}), f(\boldsymbol{c}) = tf(\boldsymbol{a})$ ならば，任意の $\boldsymbol{v}$ に対し

$$f(\boldsymbol{v}) = uf(\boldsymbol{a})$$

と表せる．ただし u は $\boldsymbol{v}$ に依存して定まる数である．

ヒント p.12 問題 1.1.12 (2) より，任意のベクトル $\boldsymbol{v}$ は $\boldsymbol{a}, \boldsymbol{b}, \boldsymbol{c}$ を用いて $\boldsymbol{v} = k_1\boldsymbol{a} + k_2\boldsymbol{b} + k_3\boldsymbol{c}$ と表すことができる．

2.1.21 直線 $x = y = z$ への正射影となる1次変換を表す行列，および，この直線についての対称移動となる1次変換を表す行列を求めよ．

p.62 の2次元ベクトルの場合と同様に，1次変換を連続して行う操作を合成といい，次のように定められる．

1次変換の合成と行列の積

1次変換 f, g の**合成** $g \circ f$ を考える．すなわち $g \circ f(\boldsymbol{v}) = g(f(\boldsymbol{v}))$ である．このとき f, g を表す行列をそれぞれ A, B とすると，$g \circ f$ を表す行列は BA となる．すなわち $g \circ f(\boldsymbol{v}) = (BA)\boldsymbol{v}$ となる．

問　題

2.1.22 x 軸まわりに角 θ 回転を行う 1 次変換 f，y 軸まわりに角 θ' 回転を行う 1 次変換 g を考える．ただし，それぞれの軸の正方向から見て左回りになる向きを正の角の回転とする．このとき $f, g, g \circ f, f \circ g$ を表す行列をそれぞれ求めよ．

3 次元ベクトルの 1 次変換の正則性は，2 次元ベクトルの場合と同様に変換の全単射性で与えられる．

正則な 1 次変換

1 次変換 f が全単射であるとき f は**正則**であるという．また，この条件は f を表す行列が正則であることに等しい．

例題 2.1.12

1 次変換 f について次の 4 つの条件は同値であることを示せ．

(1)　f を表す行列が正則　　(2)　f が全射

(3)　$f(\boldsymbol{v}) = \boldsymbol{0}$ ならば $\boldsymbol{v} = \boldsymbol{0}$　　(4)　f が単射

解答 p.63 例題 2.1.8 と同様の証明を用いる．

(1) ⇒ (2)：A^{-1} が存在するので任意の $\boldsymbol{w}$ に対し，$\boldsymbol{v} = A^{-1}\boldsymbol{w}$ とすれば，

$$f(\boldsymbol{v}) = f(A^{-1}\boldsymbol{w}) = AA^{-1}\boldsymbol{w} = \boldsymbol{w}$$

となる．

(2) ⇒ (3)：$f(\boldsymbol{a}) = \boldsymbol{0}, \boldsymbol{a} \fallingdotseq \boldsymbol{0}$ となる $\boldsymbol{a}$ があると仮定して矛盾を導く．このとき $\boldsymbol{a}, \boldsymbol{b}, \boldsymbol{c}$ が 1 次独立となるような $\boldsymbol{b}, \boldsymbol{c}$ が存在する．すると，任意の 3 次元ベクトルは $s\boldsymbol{a} + t\boldsymbol{b} + u\boldsymbol{c}$ の形で表せ，$f(s\boldsymbol{a} + t\boldsymbol{b} + u\boldsymbol{c}) = sf(\boldsymbol{b}) + uf(\boldsymbol{c})$ となる．ところが $sf(\boldsymbol{b}) + uf(\boldsymbol{c})$ で表せないベクトル $\boldsymbol{d}$ は必ず存在するので $f(\boldsymbol{v}) = \boldsymbol{d}$ となる $\boldsymbol{v}$ が存在しない．このことは f が全射であることに矛盾し，よって最初に仮定したような $\boldsymbol{a}$ は存在しない．

(3) ⇒ (4)：$f(\boldsymbol{v}) = f(\boldsymbol{w})$ とすると

$$f(\boldsymbol{v} - \boldsymbol{w}) = \boldsymbol{0}$$

となるので，仮定より $\boldsymbol{v} - \boldsymbol{w} = \boldsymbol{0}$.

(4) ⇒ (1)：f を表す行列を $A = \begin{pmatrix} a_{11} & a_{12} & a_{13} \\ a_{21} & a_{22} & a_{23} \\ a_{31} & a_{32} & a_{33} \end{pmatrix}$ とする．仮定より $f(\boldsymbol{v}) = f(\mathbf{0})$ ならば $\boldsymbol{v} = \mathbf{0}$ が成り立つので

$$A\begin{pmatrix} x \\ y \\ z \end{pmatrix} = x\begin{pmatrix} a_{11} \\ a_{21} \\ a_{31} \end{pmatrix} + y\begin{pmatrix} a_{12} \\ a_{22} \\ a_{32} \end{pmatrix} + z\begin{pmatrix} a_{13} \\ a_{23} \\ a_{33} \end{pmatrix} = \begin{pmatrix} 0 \\ 0 \\ 0 \end{pmatrix}$$

を満たす x, y, z は $x = y = z = 0$ のみである．したがって $\begin{pmatrix} a_{11} \\ a_{21} \\ a_{31} \end{pmatrix}, \begin{pmatrix} a_{12} \\ a_{22} \\ a_{32} \end{pmatrix}, \begin{pmatrix} a_{13} \\ a_{23} \\ a_{33} \end{pmatrix}$ は 1 次独立であり，p.69 問題 2.1.17 (2) より A は正則である．◆

空間内の 1 次変換についても平面の場合と同様に不動点が次のように定義される．

空間内の不動点

ある点が 1 次変換 f によって同じ点に写像されるとき，その点を f の**不動点**という．したがって不動点の位置ベクトル $\boldsymbol{v}$ は $f(\boldsymbol{v}) = \boldsymbol{v}$ を満たす．原点は任意の 1 次変換の不動点である．

問　題

2.1.23 (1)　原点は任意の 1 次変換の不動点であることを示せ．

(2)　1 次変換 f に対して原点 O 以外に不動点 P が存在するとき，直線 OP 上の点はすべて不動点になることを示せ．

(3)　1 次変換 f に対して原点 O 以外に異なる不動点 P, Q が存在するとき，O, P, Q を含む平面上の点はすべて不動点になることを示せ．

(4)　1 次変換 f に対して原点 O 以外に異なる不動点 P, Q, R が存在し，O, P, Q, R が同一平面上にないとき，f が恒等変換になることを示せ．

2.1.24 1 次変換 f を表す行列を A とする．次を示せ．
『f に原点以外の不動点が存在する $\Leftrightarrow$ $A-E$ が正則でない』

2 次元の場合と同様，1 次変換の逆変換を正則な場合についてのみ定義する．

正則な 1 次変換の逆変換

正則な 1 次変換 f に対して $f \circ g$ および $g \circ f$ が恒等変換となるような 1 次変換 g が常に存在する．この g を f の**逆変換**といい，f^{-1} で表す．f を表す行列を A とすると，f^{-1} を表す行列は逆行列 A^{-1} となる．

問　題

2.1.25 1 次変換 f は正則であり，変換 g に対し $g \circ f$ が恒等変換になるとする．
(1)　g も 1 次変換であることを示せ．
(2)　f を表す行列を A とすると g を表す行列が A^{-1} となることを示せ．

2.1.26 $x=y,\ z=0$ で与えられる直線のまわりで角 θ の回転を行う 1 次変換を表す行列を求めよ．

ヒント　z 軸まわりの回転と x 軸あるいは y 軸まわりの回転を組み合わせればよい．

2.2　1 次変換の像

この節では，平面内や空間内での点の集合がなす図形を考え，与えられた 1 次変換によってそれらの点をそれぞれ写像することを考える．写像によって得られた点の集合は再び図形を作るので，図形から図形への写像を考えることになる．この写像の様子から，与えられた 1 次変換についてのさまざまな情報を得ることができる．特に，階数や固有値という行列に関する重要な量と，その行列が表す 1 次変換の性質とが直結している．

平面内の図形の像

平面内の図形 A の各点を変換 f により写像する．写像によって得られた点全体が作る図形 B を図形 A の**像** (image) という．この操作を，変換 f により図形 A を図形 B に写像するともいう．

注意 写像，像という用語のもっと一般的な定義は第 3 章で与えられる．

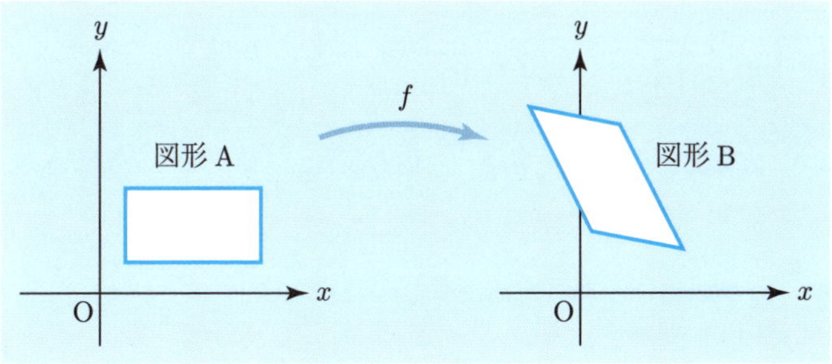

では，平面内の直線を 1 次変換で写像することを考えよう．

平面内の直線の像

平面内の直線の 1 次変換による像は，直線または点である．どちらであるかは与えられた 1 次変換および直線に依存する．

例題 2.2.1

点 A を通り方向ベクトルが $\boldsymbol{l}$ である直線は，1 次変換 f によってどのような図形に写像されるか．

解答 直線上の点 P の位置ベクトルは $\overrightarrow{\mathrm{OP}} = \overrightarrow{\mathrm{OA}} + t\boldsymbol{l}$ と表せる．f は 1 次変換なので

$$f(\overrightarrow{\mathrm{OP}}) = f(\overrightarrow{\mathrm{OA}}) + tf(\boldsymbol{l})$$

となる．したがって $f(\boldsymbol{l}) \neq \boldsymbol{0}$ のときは，位置ベクトル $f(\overrightarrow{\mathrm{OA}})$ の点を通り方向ベクトルが $f(\boldsymbol{l})$ の直線である．$f(\boldsymbol{l}) = \boldsymbol{0}$ のときは，位置ベクトル $f(\overrightarrow{\mathrm{OA}})$ で表される 1 点のみ．以上のように，直線の 1 次変換による像は直線または 1 点となる． ◆

例題 2.2.2

行列 $\begin{pmatrix} 2 & -1 \\ -2 & 3 \end{pmatrix}$ で表される1次変換によって直線 $y = -x + 1$ はどんな図形に写像されるか.

解答　直線上の任意の点を $(x, y) = (t, -t + 1)$ と表せば，その像は

$$\begin{pmatrix} 2 & -1 \\ -2 & 3 \end{pmatrix}\begin{pmatrix} t \\ -t+1 \end{pmatrix} = \begin{pmatrix} 2t - (-t+1) \\ -2t + 3(-t+1) \end{pmatrix} = \begin{pmatrix} 3t - 1 \\ -5t + 3 \end{pmatrix}$$

となるので，媒介変数表示で $(x, y) = (-1, 3) + t(3, -5)$ という直線である.（t を消去すれば $5x + 3y = 4$ となる.）◆

問　題

2.2.1　行列 $\begin{pmatrix} 2 & -1 \\ -4 & 2 \end{pmatrix}$ で表される1次変換によって直線を写像するとき，像が1点になるのはどのような直線か.

例題 2.2.3

正則な1次変換は次の性質を持つことを示せ.

(1)　直線は直線に写像される.

(2)　原点を通る直線は原点を通る直線に写像される.

(3)　平行な2直線は平行な2直線に写像される.

(4)　交わる2直線は交わる2直線に写像され，交点は交点に写像される.

解答　正則な1次変換を f とする.

(1)　写像される直線の方向ベクトルを $\boldsymbol{l}$ とする. p.77 例題 2.2.1 から直線の1次変換による像は直線または1点であるが，正則な変換の場合は $f(\boldsymbol{l}) \fallingdotseq \mathbf{0}$ であるので，直線に写像される.

(2)　$f(\mathbf{0}) = \mathbf{0}$ より明らか.

(3)　例題 2.2.1 より，方向ベクトルがともに $\boldsymbol{l}$ の直線はどちらも方向ベクトルが $f(\boldsymbol{l})$ の直線に写像される.

(4)　2 直線上の点を媒介変数表示で $\boldsymbol{a}+t\boldsymbol{l}$, $\boldsymbol{a}'+s\boldsymbol{l}'$ と表す．f により方向ベクトルが $f(\boldsymbol{l})$, $f(\boldsymbol{l}')$ の直線にそれぞれ写像されるが，それらが平行，すなわち $f(\boldsymbol{l})=\alpha f(\boldsymbol{l}')=f(\alpha\boldsymbol{l}')$ とすると，f の単射性より

$$\boldsymbol{l}=\alpha\boldsymbol{l}'$$

となり，もとの直線が平行となってしまう．よって像の 2 直線も平行でない．さらに，交点は $\boldsymbol{a}+t\boldsymbol{l}=\boldsymbol{a}'+s\boldsymbol{l}'$ を満たす点であり，$f(\boldsymbol{a}+t\boldsymbol{l})=f(\boldsymbol{a}'+s\boldsymbol{l}')$，したがって

$$f(\boldsymbol{a})+tf(\boldsymbol{l})=f(\boldsymbol{a}')+sf(\boldsymbol{l}')$$

となる．ゆえに交点は交点に写像される．◆

問　題

2.2.2　正則な 1 次変換 f は次の性質を持つことを示せ．

(1)　線分は線分に写像される．

(2)　線分の内分点は，像の線分上の同じ内分比の点に写像される．

1 次変換による図形の像と関係が深い量に行列の階数がある．

2×2 行列の階数

行列 $A=\begin{pmatrix} a_{11} & a_{12} \\ a_{21} & a_{22} \end{pmatrix}$ の行ベクトル (a_{11},a_{12}), (a_{21},a_{22}) の中で 1 次独立なものの最大個数を A の**階数**(かいすう)(rank) といい，rank(ランク) A あるいは $\mathrm{rank}\begin{pmatrix} a_{11} & a_{12} \\ a_{21} & a_{22} \end{pmatrix}$ と記す．

階数の例を以下に挙げる．

$$\mathrm{rank}\begin{pmatrix} 1 & 2 \\ 3 & 4 \end{pmatrix}=2,\quad \mathrm{rank}\begin{pmatrix} 1 & 2 \\ 2 & 4 \end{pmatrix}=1,\quad \mathrm{rank}\begin{pmatrix} 1 & 2 \\ 0 & 0 \end{pmatrix}=1,$$

$$\mathrm{rank}\begin{pmatrix} 0 & 0 \\ 1 & 2 \end{pmatrix}=1,\quad \mathrm{rank}\begin{pmatrix} 0 & 0 \\ 0 & 0 \end{pmatrix}=0$$

例題 2.2.4

以下を示せ.『行列 $A = \begin{pmatrix} a_{11} & a_{12} \\ a_{21} & a_{22} \end{pmatrix}$ の行ベクトル $\boldsymbol{a}_1 = (a_{11}, a_{12})$, $\boldsymbol{a}_2 = (a_{21}, a_{22})$ の中で1次独立なものの最大個数と，列ベクトル $\boldsymbol{b}_1 = \begin{pmatrix} a_{11} \\ a_{21} \end{pmatrix}$, $\boldsymbol{b}_2 = \begin{pmatrix} a_{12} \\ a_{22} \end{pmatrix}$ の中で1次独立なものの最大個数は等しい.』

解答 (1) $\mathrm{rank}\, A = 2$ の場合. $\boldsymbol{a}_1, \boldsymbol{a}_2$ が1次独立 $\Leftrightarrow \det A = a_{11}a_{22} - a_{12}a_{21} \neq 0$ $\Leftrightarrow \boldsymbol{b}_1, \boldsymbol{b}_2$ が1次独立

(2) $\mathrm{rank}\, A = 1$ の場合. $\boldsymbol{a}_1, \boldsymbol{a}_2$ が1次従属であり $\boldsymbol{a}_1 \neq \boldsymbol{0}$ または $\boldsymbol{a}_2 \neq \boldsymbol{0}$ $\Leftrightarrow$ $\det A = 0$, $A \neq O$ $\Leftrightarrow$ $\boldsymbol{b}_1, \boldsymbol{b}_2$ が1次従属であり，$\boldsymbol{b}_1 \neq \boldsymbol{0}$ または $\boldsymbol{b}_2 \neq \boldsymbol{0}$

(3) $\mathrm{rank}\, A = 0$ の場合. $\boldsymbol{a}_1 = \boldsymbol{a}_2 = \boldsymbol{0}$ すなわち $A = O \Leftrightarrow \boldsymbol{b}_1 = \boldsymbol{b}_2 = \boldsymbol{0}$ ◆

次に，平面全体を1次変換によって写像することを考える.

平面全体の像

行列 A で表される1次変換 f を考える. 平面全体の f による像は，$\mathrm{rank}\, A = 2$ のとき平面全体，$\mathrm{rank}\, A = 1$ のとき原点を通る直線，$\mathrm{rank}\, A = 0$ のとき原点となる.

例題 2.2.5

上を示せ.

解答 A の列ベクトルを左から順に $\boldsymbol{a}, \boldsymbol{b}$ とすると，平面内の任意の点 (x, y) は位置ベクトルが $x\boldsymbol{a} + y\boldsymbol{b}$ の点に写像される. したがって，x, y を動かして得られるこのような点全体が作る図形が，平面全体の像となる.

(1) $\mathrm{rank}\, A = 2$ の場合. $\boldsymbol{a}, \boldsymbol{b}$ が1次独立なので像は平面全体となる.

(2) $\mathrm{rank}\, A = 1$ の場合. 1次独立な列ベクトルの最大個数が1なので像は原点を通る直線となる. 例えば，$\boldsymbol{a} \neq \boldsymbol{0}$，$\boldsymbol{b} = c\boldsymbol{a}$ とすると，$x\boldsymbol{a} + y\boldsymbol{b} = (x + cy)\boldsymbol{a}$ となり，像は原点を通り $\boldsymbol{a}$ に平行な直線となる.

(3) $\mathrm{rank}\, A = 0$ の場合. 1次独立な列ベクトルがないので $\boldsymbol{a} = \boldsymbol{b} = \boldsymbol{0}$ であり，常に $x\boldsymbol{a} + y\boldsymbol{b} = \boldsymbol{0}$ となるので像は原点となる. ◆

問　題

2.2.3 次の行列で表される 1 次変換について，平面全体の像を求めよ．また，点 (p,q) に写像される点をすべて求めよ．

(1) $\begin{pmatrix} 1 & -1 \\ -1 & 1 \end{pmatrix}$　(2) $\begin{pmatrix} 1 & 2 \\ -1 & 1 \end{pmatrix}$　(3) $\begin{pmatrix} 2 & 0 \\ 1 & 0 \end{pmatrix}$

行列に付随して定まる固有値・固有ベクトルという量があり，1 次変換を特徴づける大事な量である．

2×2 行列の固有値と固有ベクトル

2×2 行列 A に対し，$A\boldsymbol{v} = \lambda \boldsymbol{v}$, $\boldsymbol{v} \neq \boldsymbol{0}$ を満たす数 λ, 2 次元ベクトル $\boldsymbol{v}$ が存在するとき，λ を**固有値** (eigenvalue)，$\boldsymbol{v}$ を（固有値 λ に対応する）**固有ベクトル** (eigenvector) という．

問　題

2.2.4 行列 A の固有値 λ に対応する固有ベクトルが $\boldsymbol{v}$ であるとき，$t\boldsymbol{v}$ $(t \neq 0)$ も A の固有ベクトルになることを示せ．

例題 2.2.6

次を示せ．

(1) λ が A の固有値であることの必要十分条件は $A - \lambda E$ が正則でないことである．

(2) λ が行列 $A = \begin{pmatrix} a_{11} & a_{12} \\ a_{21} & a_{22} \end{pmatrix}$ の固有値であることの必要十分条件は，λ が**固有方程式** (eigen equation)

$$\lambda^2 - (a_{11} + a_{22})\lambda + \det A = 0$$

を満たすことである．

解答 (1) λ が A の固有値 $\Leftrightarrow (A-\lambda E)\boldsymbol{v}=\boldsymbol{0}, \boldsymbol{v} \neq \boldsymbol{0}$ となる $\boldsymbol{v}$ が存在 $\Leftrightarrow A-\lambda E$ が正則でない

(2) (1) より λ が A の固有値 $\Leftrightarrow A-\lambda E$ が正則でない $\Leftrightarrow \det(A-\lambda E) = (a_{11}-\lambda)(a_{22}-\lambda)-a_{12}a_{21}=0$ ◆

注意 固有値は2次方程式の解であるので複素数になる場合もあるが，本書では触れない．

例題 2.2.7

原点を通り方向ベクトルが $\boldsymbol{l}$ の直線を，行列 A で表される1次変換 f で写像する．次を示せ．『像がその直線自身である $\Leftrightarrow \boldsymbol{l}$ が A の0でない固有値に対応する固有ベクトルである』

解答 ($\Rightarrow$) 直線上の点の位置ベクトルは $t\boldsymbol{l}$ で表される．

$$A(t\boldsymbol{l}) = tA\boldsymbol{l}$$

となるが，同じ直線になるので $A\boldsymbol{l}=\lambda\boldsymbol{l}$ となる0でない定数 λ が存在しなければならない．したがって $\boldsymbol{l}$ は0でない固有値 λ に対応する固有ベクトルである．

($\Leftarrow$) $A(t\boldsymbol{l}) = tA\boldsymbol{l} = t\lambda\boldsymbol{l}$ となる．$\lambda \neq 0$ なので像ともとの直線は同じ． ◆

問 題

2.2.5 平面内の原点を通る直線のうち，次の行列によって表される1次変換で自分自身が像となるものをすべて求めよ．

(1) $\begin{pmatrix} 1 & 0 \\ 2 & 0 \end{pmatrix}$ (2) $\begin{pmatrix} 2 & 1 \\ 1 & 2 \end{pmatrix}$

次に，空間内の図形の1次変換による像について話題を進める．

空間内の図形の像

空間内の図形Aの各点を変換 f により写像するとする．写像によって得られた点全体が作る図形Bを図形Aの像という．この操作を，変換 f により図形Aを図形Bに写像するともいう．

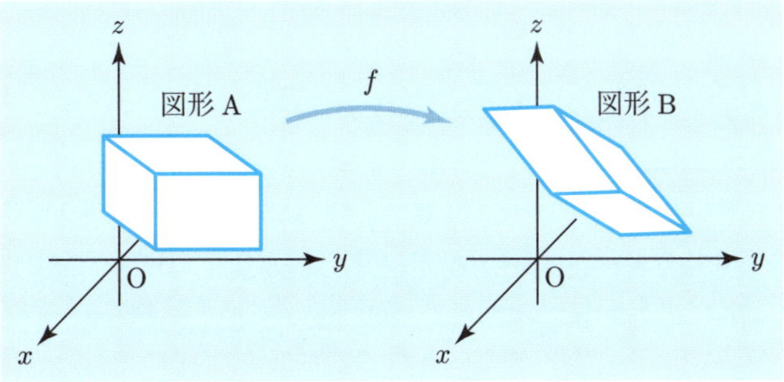

空間内の直線の 1 次変換は以下のようになる．

空間内の直線の像

空間内の直線の 1 次変換による像は，直線または点である．どちらであるかは与えられた 1 次変換および直線に依存する．

問　題

2.2.6 点 A を通り方向ベクトルが $\boldsymbol{l}$ の直線は，1 次変換 f によってどのような図形に写像されるか．

2.2.7 正則な 1 次変換 f は次の性質を持つことを示せ．

(1)　直線は直線に写像される．

(2)　原点を通る直線は原点を通る直線に写像される．

(3)　平行な 2 直線は平行な 2 直線に写像される．

(4)　交わる 2 直線は交わる 2 直線に写像され，交点は交点に写像される．

(5)　線分は線分に写像される．

(6)　線分の内分点は，像の線分上の同じ内分比の点に写像される．

今度は空間内の平面の 1 次変換について述べる．

空間内の平面の像

空間内の平面の 1 次変換による像は，平面，直線，1 点のいずれかである．いずれであるかは 1 次変換および平面に依存する．

例題 2.2.8

点 A を通り 1 次独立なベクトル $\boldsymbol{l}, \boldsymbol{m}$ に平行な平面は，1 次変換 f によってどのような図形に写像されるか.

解答 原点を O とする．平面上の任意の点 P の位置ベクトルは媒介変数を用いて $\overrightarrow{\mathrm{OA}} + t\boldsymbol{l} + s\boldsymbol{m}$ と表せる．f は 1 次変換なので $f(\overrightarrow{\mathrm{OP}}) = f(\overrightarrow{\mathrm{OA}}) + tf(\boldsymbol{l}) + sf(\boldsymbol{m})$ となる．位置ベクトル $f(\overrightarrow{\mathrm{OA}})$ の点を A' とする．得られる図形は以下の通り.

(1) $f(\boldsymbol{l}), f(\boldsymbol{m})$ が 1 次独立のとき，A' を通り $f(\boldsymbol{l}), f(\boldsymbol{m})$ に平行な平面となる.

(2) $f(\boldsymbol{l}), f(\boldsymbol{m})$ が 1 次従属であり，$f(\boldsymbol{l}) \neq \boldsymbol{0}$ または $f(\boldsymbol{m}) \neq \boldsymbol{0}$ が成り立つときは，A' を通り方向ベクトルが $f(\boldsymbol{l})$ または $f(\boldsymbol{m})$ の直線となる.

(3) $f(\boldsymbol{l}) = f(\boldsymbol{m}) = \boldsymbol{0}$ のときは 1 点 A' である. ◆

問 題

2.2.8 正則な 1 次変換は次の性質を持つことを示せ.

(1) 平面は平面に写像される.

(2) 原点を通る平面は原点を通る平面に写像される.

(3) 平行な 2 平面は平行な 2 平面に写像される.

(4) 交わる 2 平面は交わる 2 平面に写像され，交線は交線に写像される.

2.2.9 1 次独立な 3 つのベクトルは，正則な 1 次変換 f で写像しても 1 次独立であることを示せ.

2×2 行列の階数と同様に 3×3 行列の階数を以下で与える.

3×3 行列の階数

行列 $A = \begin{pmatrix} a_{11} & a_{12} & a_{13} \\ a_{21} & a_{22} & a_{23} \\ a_{31} & a_{32} & a_{33} \end{pmatrix}$ の行ベクトル (a_{11}, a_{12}, a_{13}), (a_{21}, a_{22}, a_{23}), (a_{31}, a_{32}, a_{33}) の中で 1 次独立なものの最大個数を A の**階数**といい，$\mathrm{rank}\, A$ あるいは $\mathrm{rank} \begin{pmatrix} a_{11} & a_{12} & a_{13} \\ a_{21} & a_{22} & a_{23} \\ a_{31} & a_{32} & a_{33} \end{pmatrix}$ と記す.

階数の例を以下に挙げる．

$$\mathrm{rank}\begin{pmatrix}1&0&0\\0&1&0\\0&0&1\end{pmatrix}=3,\qquad \mathrm{rank}\begin{pmatrix}1&1&2\\-1&1&0\\2&1&-1\end{pmatrix}=3,$$

$$\mathrm{rank}\begin{pmatrix}1&-1&1\\2&2&-2\\-3&-1&1\end{pmatrix}=2,\quad \mathrm{rank}\begin{pmatrix}1&0&2\\2&1&1\\1&0&-1\end{pmatrix}=2,$$

$$\mathrm{rank}\begin{pmatrix}1&-1&1\\2&-2&2\\3&-3&3\end{pmatrix}=1,\qquad \mathrm{rank}\begin{pmatrix}0&0&0\\0&0&0\\0&0&0\end{pmatrix}=0$$

例題 2.2.9

行列 $A=\begin{pmatrix}a_{11}&a_{12}&a_{13}\\a_{21}&a_{22}&a_{23}\\a_{31}&a_{32}&a_{33}\end{pmatrix}$ の行ベクトル $\boldsymbol{a}_1=(a_{11},a_{12},a_{13})$, $\boldsymbol{a}_2=(a_{21},a_{22},a_{23})$, $\boldsymbol{a}_3=(a_{31},a_{32},a_{33})$ の中で 1 次独立なものの最大個数と，列ベクトル $\boldsymbol{b}_1=\begin{pmatrix}a_{11}\\a_{21}\\a_{31}\end{pmatrix}$, $\boldsymbol{b}_2=\begin{pmatrix}a_{12}\\a_{22}\\a_{32}\end{pmatrix}$, $\boldsymbol{b}_3=\begin{pmatrix}a_{13}\\a_{23}\\a_{33}\end{pmatrix}$ の中で 1 次独立なものの最大個数は等しい．

解答　(1)　$\mathrm{rank}\,A=3$ の場合. $\boldsymbol{a}_1$, $\boldsymbol{a}_2$, $\boldsymbol{a}_3$ が 1 次独立 $\Leftrightarrow \det A \fallingdotseq 0 \Leftrightarrow \det {}^tA \fallingdotseq 0$ $\Leftrightarrow$ $\boldsymbol{b}_1$, $\boldsymbol{b}_2$, $\boldsymbol{b}_3$ が 1 次独立

(2)　$\mathrm{rank}\,A=0$ の場合. $\boldsymbol{a}_1=\boldsymbol{a}_2=\boldsymbol{a}_3=\boldsymbol{0} \Leftrightarrow A$ は零行列 $\Leftrightarrow \boldsymbol{b}_1=\boldsymbol{b}_2=\boldsymbol{b}_3=\boldsymbol{0}$

(3)　$\mathrm{rank}\,A=1$ の場合．$\boldsymbol{a}_1 \fallingdotseq \boldsymbol{0}$ と仮定する（他の場合も同様）．$\boldsymbol{a}_2=t\boldsymbol{a}_1$, $\boldsymbol{a}_3=s\boldsymbol{a}_1$ となる t, s が存在する．このとき $\boldsymbol{c}=\begin{pmatrix}1\\t\\s\end{pmatrix}$ とすると，$\boldsymbol{b}_1=a_{11}\boldsymbol{c}$, $\boldsymbol{b}_2=a_{12}\boldsymbol{c}$, $\boldsymbol{b}_3=a_{13}\boldsymbol{c}$ となり，$\boldsymbol{b}_1$, $\boldsymbol{b}_2$, $\boldsymbol{b}_3$ の中で 1 次独立なものの最大個数も 1．逆も同様に示せる．

(4)　rank $A = 2$ の場合．(1), (2), (3) の場合は除かれるので，$\boldsymbol{b}_1$, $\boldsymbol{b}_2$, $\boldsymbol{b}_3$ の中で 1 次独立なものの最大個数は 2. ◆

例題 2.2.10

$A = \begin{pmatrix} 1 & 2 & 4 \\ 1 & 0 & 2 \\ 1 & -1 & 1 \end{pmatrix}$ とする．rank $A = 2$ を示せ．

解答　$\det A = 0$ なので rank $A \neq 3$．また，明らかに rank $A \neq 0, 1$ なので，rank $A = 2$ である．実際，$(1, 2, 4) = 3(1, 0, 2) - 2(1, -1, 1)$ であり，$(1, 0, 2)$, $(1, -1, 1)$ は 1 次独立であるので，1 次独立なベクトルの最大個数は 2 である． ◆

1 次変換によって得られる空間全体の像は行列の階数によって大きく変わる．

空間全体の像

行列 A で表される 1 次変換 f を考える．空間全体の f による像は，rank $A = 3$ のとき空間全体，rank $A = 2$ のとき原点を通る平面，rank $A = 1$ のとき原点を通る直線，rank $A = 0$ のとき原点となる．

例題 2.2.11

上を示せ．

解答　A の列ベクトルを左から順に $\boldsymbol{a}$, $\boldsymbol{b}$, $\boldsymbol{c}$ とすると，空間内の任意の点 (x, y, z) は位置ベクトルが $x\boldsymbol{a} + y\boldsymbol{b} + z\boldsymbol{c}$ の点に写像される．したがって，x, y, z を動かして得られるこのような点全体が作る図形が，空間全体の像となる．

(1)　rank $A = 3$ の場合．$\boldsymbol{a}$, $\boldsymbol{b}$, $\boldsymbol{c}$ が 1 次独立なので像は空間全体となる．

(2)　rank $A = 2$ の場合．$\boldsymbol{a}$, $\boldsymbol{b}$, $\boldsymbol{c}$ の 1 次独立な列ベクトルの最大個数が 2 なので像は原点を通る平面となる．たとえば，$\boldsymbol{a}$, $\boldsymbol{b}$ が 1 次独立で $\boldsymbol{c} = c_1\boldsymbol{a} + c_2\boldsymbol{b}$ とすると

$$x\boldsymbol{a} + y\boldsymbol{b} + z\boldsymbol{c} = (x + zc_1)\boldsymbol{a} + (y + zc_2)\boldsymbol{b}$$

となるので，像は原点を通り $\boldsymbol{a}$, $\boldsymbol{b}$ に平行な平面となる．

(3)　rank $A = 1$ の場合．1 次独立な列ベクトルの最大個数が 1 なので像は原点を

通る直線となる．たとえば，$\boldsymbol{a} \neq \boldsymbol{0}$，$\boldsymbol{b} = c_1\boldsymbol{a}$，$\boldsymbol{c} = c_2\boldsymbol{a}$ とすると

$$x\boldsymbol{a} + y\boldsymbol{b} + z\boldsymbol{c} = (x + yc_1 + zc_2)\boldsymbol{a}$$

となり，像は原点を通り $\boldsymbol{a}$ に平行な直線となる．

(4)　$\mathrm{rank}\, A = 0$ の場合．1次独立なベクトルがないので $\boldsymbol{a} = \boldsymbol{b} = \boldsymbol{c} = \boldsymbol{0}$ であり，常に $x\boldsymbol{a} + y\boldsymbol{b} + z\boldsymbol{c} = \boldsymbol{0}$ となるので像は原点となる．◆

問　題

2.2.10　次の行列で表される1次変換について，空間全体の像を求めよ．また，点 (p, q, r) に写像される点をすべて求めよ．

(1) $\begin{pmatrix} 1 & -1 & 1 \\ 2 & 2 & -2 \\ -3 & -1 & 1 \end{pmatrix}$　　(2) $\begin{pmatrix} 1 & -1 & 1 \\ 2 & -2 & 2 \\ 3 & -3 & 3 \end{pmatrix}$

3×3 行列の固有値・固有ベクトルは以下で定義される．

3×3 行列の固有値と固有ベクトル

3×3 行列 A に対し，$A\boldsymbol{v} = \lambda\boldsymbol{v}$, $\boldsymbol{v} \neq \boldsymbol{0}$ を満たす数 λ，3次元ベクトル $\boldsymbol{v}$ が存在するとき，λ を**固有値**，$\boldsymbol{v}$ を（固有値に λ に対応する）**固有ベクトル**という．

問　題

2.2.11　次を示せ．

(1)　λ が A の固有値であることの必要十分条件は $A - \lambda E$ が正則でないことである．

(2)　λ が行列 $A = \begin{pmatrix} a_{11} & a_{12} & a_{13} \\ a_{21} & a_{22} & a_{23} \\ a_{31} & a_{32} & a_{33} \end{pmatrix}$ の固有値であることの必要十分条件は λ が**固有方程式**

$$\lambda^3 - (a_{11} + a_{22} + a_{33})\lambda^2$$
$$+ (a_{11}a_{22} - a_{12}a_{21} + a_{11}a_{33} - a_{13}a_{31} + a_{22}a_{33} - a_{23}a_{32})\lambda$$
$$- \det A = 0$$

を満たすことである．

ヒント p.81 例題 2.2.6 の 2×2 行列の場合と同様の方法で示すことができる．

2.2.12 次の行列の固有値・固有ベクトルをすべて求めよ．また，原点を通り固有ベクトルに平行な直線の像を求めよ．

(1) $\begin{pmatrix} 3 & 2 & -2 \\ 1 & 2 & 0 \\ 1 & 1 & 1 \end{pmatrix}$　(2) $\begin{pmatrix} 2 & -1 & 0 \\ 1 & 0 & 0 \\ 2 & -3 & 2 \end{pmatrix}$

2.3 1 次変換と長さ・角・体積

ベクトルや図形を写像するとき，長さ・角という特徴量が変換前後で変わらない 1 次変換がある．このような 1 次変換はさまざまな場面で重要な役割を果たす．また，1 次変換によって図形を写像したとき，変換前後の図形の体積（面積）比は行列式で表現でき，変換の重要な特徴量となっている．この節では，これらの点に着目した 1 次変換について説明する．

まず最初に直交行列と呼ばれる行列を定義しよう．

2×2 の直交行列

2×2 実行列 A が

$$ {}^tAA = E $$

を満たすとき，A を**直交行列** (orthogonal matrix) と呼ぶ．

問　題

2.3.1 (1) 直交行列 A は正則であり，$A^{-1} = {}^tA$ であることを示せ．

(2) ${}^tAA = E$ ならば $A\,{}^tA = E$ となること，およびその逆を示せ．

(3) 2 つの直交行列の積も直交行列になることを示せ．

直交行列で表される1次変換を**直交変換** (orthogonal transformation) という．p.88 問題 2.3.1 (3) より直交変換の合成も直交変換になる．

平面内の任意の2点を写像したとき，写像の前後で2点間の距離が変わらないような変換（写像）は**等長** (isometric) であるという．1次変換については直交変換がこれに相当することを以下で示す．

例題 2.3.1

1次変換 f について次を示せ．『f が等長である $\Leftrightarrow$ 任意のベクトル $\boldsymbol{v}$, $\boldsymbol{w}$ に対して $\boldsymbol{v}\cdot\boldsymbol{w} = f(\boldsymbol{v})\cdot f(\boldsymbol{w})$ となる』

解答 （$\Rightarrow$）平面内の任意の2点の位置ベクトルをそれぞれ $\boldsymbol{v}, \boldsymbol{w}$ とする．f が等長であり変換の前後で距離が変わらないので $|\boldsymbol{v}-\boldsymbol{w}| = |f(\boldsymbol{v}) - f(\boldsymbol{w})|$ となる．したがって

$$(\boldsymbol{v}-\boldsymbol{w})\cdot(\boldsymbol{v}-\boldsymbol{w}) = (f(\boldsymbol{v}) - f(\boldsymbol{w}))\cdot(f(\boldsymbol{v}) - f(\boldsymbol{w}))$$

となる．ゆえに

$$\boldsymbol{v}\cdot\boldsymbol{v} - 2\boldsymbol{v}\cdot\boldsymbol{w} + \boldsymbol{w}\cdot\boldsymbol{w} = f(\boldsymbol{v})\cdot f(\boldsymbol{v}) - 2f(\boldsymbol{v})\cdot f(\boldsymbol{w}) + f(\boldsymbol{w})\cdot f(\boldsymbol{w})$$

である．$\boldsymbol{w} = \boldsymbol{0}$ とすると $\boldsymbol{v}\cdot\boldsymbol{v} = f(\boldsymbol{v})\cdot f(\boldsymbol{v})$ が導かれる．任意の $\boldsymbol{v}$ でこれが成り立つので，上式で $\boldsymbol{w}\cdot\boldsymbol{w} = f(\boldsymbol{w})\cdot f(\boldsymbol{w})$ も成り立ち，結局 $\boldsymbol{v}\cdot\boldsymbol{w} = f(\boldsymbol{v})\cdot f(\boldsymbol{w})$ が導かれる．

（$\Leftarrow$）任意の $\boldsymbol{v}, \boldsymbol{w}$ に対して $\boldsymbol{v}\cdot\boldsymbol{w} = f(\boldsymbol{v})\cdot f(\boldsymbol{w})$ となるので，$\boldsymbol{w} = \boldsymbol{v}$ とすると任意の $\boldsymbol{v}$ に対して $\boldsymbol{v}\cdot\boldsymbol{v} = f(\boldsymbol{v})\cdot f(\boldsymbol{v})$ が成り立つ．したがって $|\boldsymbol{v}-\boldsymbol{w}| = |f(\boldsymbol{v}) - f(\boldsymbol{w})|$ が導かれる． ◆

問　題

2.3.2 1次変換 f について次を示せ．
『f が等長である $\Leftrightarrow$ 任意のベクトル $\boldsymbol{v}$ に対して $|\boldsymbol{v}| = |f(\boldsymbol{v})|$ となる』

例題 2.3.2

1次変換 f について次を示せ．

『f が等長である $\Leftrightarrow$ f は直交変換である』

解答　f を表す行列を $A = \begin{pmatrix} a_{11} & a_{12} \\ a_{21} & a_{22} \end{pmatrix}$ とする．前問より，$\boldsymbol{v} = \begin{pmatrix} x \\ y \end{pmatrix}$ と表したとき $|\boldsymbol{v}|^2 = |A\boldsymbol{v}|^2$ が任意の x, y に対して成り立つことが等長であるための必要十分条件である．したがって

$$\begin{aligned} |\boldsymbol{v}|^2 &= x^2 + y^2, \\ |A\boldsymbol{v}|^2 &= (a_{11}x + a_{12}y)^2 + (a_{21}x + a_{22}y)^2 \\ &= (a_{11}^2 + a_{21}^2)x^2 + (a_{12}^2 + a_{22}^2)y^2 + 2(a_{11}a_{12} + a_{21}a_{22})xy \end{aligned}$$

より，$a_{11}^2 + a_{21}^2 = a_{12}^2 + a_{22}^2 = 1$ かつ $a_{11}a_{12} + a_{21}a_{22} = 0$ となる（下の注意を参照）．一方，${}^tAA = E$ より

$$\begin{aligned} {}^tAA &= \begin{pmatrix} a_{11} & a_{21} \\ a_{12} & a_{22} \end{pmatrix} \begin{pmatrix} a_{11} & a_{12} \\ a_{21} & a_{22} \end{pmatrix} \\ &= \begin{pmatrix} a_{11}^2 + a_{21}^2 & a_{11}a_{12} + a_{21}a_{22} \\ a_{11}a_{12} + a_{21}a_{22} & a_{12}^2 + a_{22}^2 \end{pmatrix} = \begin{pmatrix} 1 & 0 \\ 0 & 1 \end{pmatrix} \end{aligned}$$

となる．ゆえに題意が示せた．

注意　a, b, c を定数とするとき，任意の x, y に対して $ax^2 + bxy + cy^2 = 0$ ならば $a = b = c = 0$ となる．◆

例題 2.3.3

1 次変換 f について次を示せ．
『f が直交変換である $\Leftrightarrow$ f が原点まわりの回転であるか，原点まわりの回転と x 軸についての対称移動の合成である』

解答　($\Leftarrow$)　原点まわりの角 θ の回転を表す行列を $R = \begin{pmatrix} \cos\theta & -\sin\theta \\ \sin\theta & \cos\theta \end{pmatrix}$，$x$ 軸についての対称移動を表す行列を $T = \begin{pmatrix} 1 & 0 \\ 0 & -1 \end{pmatrix}$ とする．${}^tRR = E, {}^tTT = E$ よりどちらも直交行列であり，それらが表す 1 次変換は直交変換である．またその合成も直交変換である．

($\Rightarrow$)　$A = \begin{pmatrix} a_{11} & a_{12} \\ a_{21} & a_{22} \end{pmatrix}$ を直交行列とすると ${}^tAA = E$ より $a_{11}^2 + a_{21}^2 = 1$ となる．

そこで $a_{11}=\cos\theta,\ a_{21}=\sin\theta$ とおける．さらに $a_{12}^2+a_{22}^2=1$ より $a_{12}=-\sin\phi$, $a_{22}=\cos\phi$ とおける．また，$a_{11}a_{12}+a_{21}a_{22}=0$ より

$$-\cos\theta\sin\phi+\sin\theta\cos\phi=\sin(\theta-\phi)=0$$

となるので，$\phi=\theta+\pi n$（n は整数）を得る．よって，n が偶数のとき

$$A=\begin{pmatrix}\cos\theta & -\sin\theta\\ \sin\theta & \cos\theta\end{pmatrix}$$

奇数のとき

$$A=\begin{pmatrix}\cos\theta & -\sin(\theta+\pi)\\ \sin\theta & \cos(\theta+\pi)\end{pmatrix}=\begin{pmatrix}\cos\theta & \sin\theta\\ \sin\theta & -\cos\theta\end{pmatrix}=\begin{pmatrix}\cos\theta & -\sin\theta\\ \sin\theta & \cos\theta\end{pmatrix}\begin{pmatrix}1 & 0\\ 0 & -1\end{pmatrix}$$

となる．

注意　$A=\begin{pmatrix}\cos\theta & \sin\theta\\ \sin\theta & -\cos\theta\end{pmatrix}$ で表される 1 次変換は直線 $y=x\tan\frac{\theta}{2}$ に関する対称移動である．◆

平面内の交点を持つ任意の 2 つの（微小な）線分が写像の前後でそのなす角を変えないような変換（写像）は**等角** (conformal) であるという．1 次変換についてこの性質を持つものを考えよう．

例題 2.3.4

1 次変換 f について以下を示せ.『f が等角である $\Leftrightarrow$ 任意の $\boldsymbol{v}, \boldsymbol{w}$ $(\neq \boldsymbol{0})$ に対して $\dfrac{\boldsymbol{v}\cdot\boldsymbol{w}}{|\boldsymbol{v}||\boldsymbol{w}|}=\dfrac{f(\boldsymbol{v})\cdot f(\boldsymbol{w})}{|f(\boldsymbol{v})||f(\boldsymbol{w})|}$ が成り立つ』

解答　平面内の 3 点 P, Q, R（Q は P, R と異なる）の位置ベクトルをそれぞれ $\boldsymbol{u}$, $\boldsymbol{v}$, $\boldsymbol{w}$ とする．この 3 点を f によって写像して得られる点をそれぞれ P′, Q′, R′ とすると，それらの位置ベクトルは $f(\boldsymbol{u}), f(\boldsymbol{v}), f(\boldsymbol{w})$ となる．∠PQR, ∠P′Q′R′ は $\boldsymbol{v}-\boldsymbol{u}$ と $\boldsymbol{v}-\boldsymbol{w}$，$f(\boldsymbol{v})-f(\boldsymbol{u})=f(\boldsymbol{v}-\boldsymbol{u})$ と $f(\boldsymbol{v})-f(\boldsymbol{w})=f(\boldsymbol{v}-\boldsymbol{w})$ のなす角にそれぞれ等しい．$\boldsymbol{u}, \boldsymbol{v}, \boldsymbol{w}$ は $\boldsymbol{v}-\boldsymbol{u}\neq\boldsymbol{0}$ と $\boldsymbol{v}-\boldsymbol{w}\neq\boldsymbol{0}$ を満たすベクトルなので『f が等角 $\Leftrightarrow$ 任意の $\boldsymbol{v}, \boldsymbol{w}$ $(\neq\boldsymbol{0})$ に対して $\boldsymbol{v}$ と $\boldsymbol{w}$，$f(\boldsymbol{v})$ と $f(\boldsymbol{w})$ のなす角が等しい』が得られる．後の条件を式で表すと $\dfrac{\boldsymbol{v}\cdot\boldsymbol{w}}{|\boldsymbol{v}||\boldsymbol{w}|}=\dfrac{f(\boldsymbol{v})\cdot f(\boldsymbol{w})}{|f(\boldsymbol{v})||f(\boldsymbol{w})|}$ となる．◆

問　題

2.3.3 1 次変換が等長なら等角であることを示せ．

2.3.4 2 つの 1 次変換が等角であるとき，その合成も等角であることを示せ．

例題 2.3.5

1 次変換 f について次を示せ．『f が等角である $\Leftrightarrow$ f が相似変換，原点まわりの回転，x 軸についての対称移動であるか，それらの合成である』

解答 （$\Leftarrow$）相似変換，原点まわりの回転，x 軸についての対称移動はどれも等角であるので，問題 2.3.4 よりそれらの合成も等角である．

（$\Rightarrow$）(1)　$\boldsymbol{v} = \begin{pmatrix} 1 \\ 0 \end{pmatrix}, \boldsymbol{w} = \begin{pmatrix} 0 \\ 1 \end{pmatrix}$ とすると，その像は

$$\begin{pmatrix} a_{11} & a_{12} \\ a_{21} & a_{22} \end{pmatrix}\begin{pmatrix} 1 \\ 0 \end{pmatrix} = \begin{pmatrix} a_{11} \\ a_{21} \end{pmatrix}, \quad \begin{pmatrix} a_{11} & a_{12} \\ a_{21} & a_{22} \end{pmatrix}\begin{pmatrix} 0 \\ 1 \end{pmatrix} = \begin{pmatrix} a_{12} \\ a_{22} \end{pmatrix}$$

となる．f が等角であることから $f(\boldsymbol{v}) \cdot f(\boldsymbol{w}) = a_{11}a_{12} + a_{21}a_{22} = \boldsymbol{v} \cdot \boldsymbol{w} = 0$ を得る．

(2)　さらに $\boldsymbol{v} = \begin{pmatrix} 1 \\ 1 \end{pmatrix}$，$\boldsymbol{w} = \begin{pmatrix} 1 \\ -1 \end{pmatrix}$ とすれば，その像は

$$\begin{pmatrix} a_{11} & a_{12} \\ a_{21} & a_{22} \end{pmatrix}\begin{pmatrix} 1 \\ 1 \end{pmatrix} = \begin{pmatrix} a_{11} + a_{12} \\ a_{21} + a_{22} \end{pmatrix},$$

$$\begin{pmatrix} a_{11} & a_{12} \\ a_{21} & a_{22} \end{pmatrix}\begin{pmatrix} 1 \\ -1 \end{pmatrix} = \begin{pmatrix} a_{11} - a_{12} \\ a_{21} - a_{22} \end{pmatrix}$$

となるが，$\boldsymbol{v} \cdot \boldsymbol{w} = 0$ より

$$f(\boldsymbol{v}) \cdot f(\boldsymbol{w}) = (a_{11} + a_{12})(a_{11} - a_{12}) + (a_{21} + a_{22})(a_{21} - a_{22}) = 0$$

つまり $a_{11}^2 + a_{21}^2 = a_{12}^2 + a_{22}^2$ を得る．

(3)　$a_{11}^2 + a_{21}^2 = a_{12}^2 + a_{22}^2 = \alpha^2$ $(\alpha > 0)$ とおくと

$$a_{11} = \alpha \cos\theta, \quad a_{21} = \alpha \sin\theta, \quad a_{12} = -\alpha \sin\phi, \quad a_{22} = \alpha \cos\phi$$

とおける．また (1) より $a_{11}a_{12} + a_{21}a_{22} = \alpha^2 \sin(\theta - \phi) = 0$ となるので，$\phi = \theta + n\pi$（n は整数）を得る．以上から

$$A = \alpha \begin{pmatrix} \cos\theta & \mp \sin\theta \\ \sin\theta & \pm \cos\theta \end{pmatrix} \quad \text{（複号同順）}$$

となる．この行列は $\begin{pmatrix} \alpha & 0 \\ 0 & \alpha \end{pmatrix}$, $\begin{pmatrix} \cos\theta & -\sin\theta \\ \sin\theta & \cos\theta \end{pmatrix}$, $\begin{pmatrix} 1 & 0 \\ 0 & -1 \end{pmatrix}$ の積で得ることができる． ◆

1次変換の前後の図形の面積比は，1次変換を表す行列の行列式で与えられる．平面図形の基本である三角形についてそのことを確認しよう．

1次変換による三角形の面積比

平面内に面積 S の三角形 PQR が与えられているとする．行列 A で表される1次変換 f によりこの三角形が三角形 $\mathrm{P'Q'R'}$ に写像されるとき，その面積 S' は

$$S' = |\det A|\, S$$

となる．ただし，$\mathrm{P'}, \mathrm{Q'}, \mathrm{R'}$ が同一直線上にあるときは $S' = 0$ とする．

例題 2.3.6

上を示せ．

解答 $\overrightarrow{\mathrm{PQ}}, \overrightarrow{\mathrm{PR}}$ を列ベクトルとする行列を T，$\overrightarrow{\mathrm{P'Q'}}, \overrightarrow{\mathrm{P'R'}}$ を列ベクトルとする行列を T' とする．$\overrightarrow{\mathrm{P'Q'}} = f(\overrightarrow{\mathrm{PQ}}), \overrightarrow{\mathrm{P'R'}} = f(\overrightarrow{\mathrm{PR}})$ が成り立つので $T' = AT$ となる．また $\det T' = \det(AT) = \det A \cdot \det T$ が成り立つ．すると p.9 問題 1.1.6 より

$$S' = \frac{1}{2}|\det T'| = \frac{1}{2}|\det A||\det T| = |\det A|\, S$$

が得られる． ◆

なお，$|\det A| = 1$ すなわち $\det A = \pm 1$ となる行列 A で表される1次変換は**等積** (equivalent) であるという．

問　題

2.3.5 p.60 に挙げた1次変換によって三角形の面積はそれぞれどう変わるか．

3×3 の直交行列は 2×2 の場合と同様に定義される．

3×3 の直交行列

3×3 実行列 A が ${}^tAA = E$ を満たすとき，A を**直交行列**と呼ぶ.

問 題

2.3.6 (1) 直交行列 A は正則であり，$A^{-1} = {}^tA$ であることを示せ.

(2) ${}^tAA = E$ ならば $A\,{}^tA = E$ となること，およびその逆を示せ.

(3) 2 つの直交行列の積も直交行列になることを示せ.

直交行列で表される 1 次変換を**直交変換**という．問題 2.3.6 (3) より 2 つの直交変換の合成も直交変換になる.

空間内の変換についても等長や等角の変換を定めることができる．空間内の任意の 2 点を写像したとき，写像の前後で 2 点間の距離が変わらないような変換（写像）は**等長**であるという．また，空間内の交点を持つ任意の 2 つの（微小な）線分が写像の前後でそのなす角を変えないような変換（写像）は**等角**であるという.

問 題

2.3.7 1 次変換 f について次の 4 つは同値であることを示せ.

(1) f は等長である.

(2) 任意の $\boldsymbol{v}, \boldsymbol{w}$ に対し，$\boldsymbol{v} \cdot \boldsymbol{w} = f(\boldsymbol{v}) \cdot f(\boldsymbol{w})$ となる.

(3) 任意の $\boldsymbol{v}$ に対し $\boldsymbol{v} \cdot \boldsymbol{v} = f(\boldsymbol{v}) \cdot f(\boldsymbol{v})$ となる.

(4) f は直交変換である.

2.3.8 次の中で等長な 1 次変換になるものはどれか.

原点についての対称移動，相似変換，
xy 平面についての対称移動，xy 平面への正射影，
x 軸についての対称移動，z 軸まわりの角 θ の回転

2.3.9 1 次変換が等長であれば等角であることを示せ.

2.3.10 1 次変換 f について以下を示せ.『f が等角である $\Leftrightarrow$ 任意の $\boldsymbol{v}, \boldsymbol{w}$ $(\neq \boldsymbol{0})$ に対して $\dfrac{\boldsymbol{v} \cdot \boldsymbol{w}}{|\boldsymbol{v}||\boldsymbol{w}|} = \dfrac{f(\boldsymbol{v}) \cdot f(\boldsymbol{w})}{|f(\boldsymbol{v})||f(\boldsymbol{w})|}$ が成り立つ』

例題 2.3.7

行列 A で表される 1 次変換 f が等角であるとする．A は，等長な 1 次変換を表す行列 B と定数 c によって

$$A = cB$$

と表せることを示せ．

解答　原点を O とする空間内に，任意の 1 次独立な $\boldsymbol{v}$, $\boldsymbol{w}$ を位置ベクトルとする点 P, Q を考え，f によってそれぞれ P′, Q′ に写像されるとする．$\boldsymbol{v}, \boldsymbol{w}, \boldsymbol{v}-\boldsymbol{w}$ が互いになす角は f によって変わらないので，線分 OP と OP′，OQ と OQ′（および PQ と P′Q′）の長さの比は同じである．すなわち

$$\frac{|\boldsymbol{v}|}{|f(\boldsymbol{v})|} = \frac{|\boldsymbol{w}|}{|f(\boldsymbol{w})|}$$

となる．これが任意の 1 次独立な $\boldsymbol{v}, \boldsymbol{w}$ について成り立たなければならないので，任意の $\boldsymbol{v}$ $(\neq \boldsymbol{0})$ に対して $|\boldsymbol{v}|/|f(\boldsymbol{v})|$ の値は一定値をとらなければならない．この値を c (> 0) とすると

$$\boldsymbol{v}\cdot\boldsymbol{w} = \frac{|\boldsymbol{v}||\boldsymbol{w}|}{|f(\boldsymbol{v})||f(\boldsymbol{w})|} f(\boldsymbol{v})\cdot f(\boldsymbol{w}) = c^2(A\boldsymbol{v})\cdot(A\boldsymbol{w})$$

が得られる．したがって $cA = B$ と行列 B を定義すると

$$\boldsymbol{v}\cdot\boldsymbol{w} = (B\boldsymbol{v})\cdot(B\boldsymbol{w})$$

が成り立ち，p.94 問題 2.3.7 より B が表す 1 次変換は等長となる．◆

平面図形の三角形の 1 次変換では変換前後の面積比が $|\det A|$ で与えられた．空間図形では 4 面体の体積比を考えると同様の関係が得られる．

1 次変換による 4 面体の体積比

空間内に体積 V の 4 面体 PQRS が与えられているとする．行列 A で表される 1 次変換 f によりこの 4 面体が 4 面体 P′Q′R′S′ に写像されるとき，その体積 V' は

$$V' = |\det A|\, V$$

となる．ただし，P′, Q′, R′, S′ が同一平面上にあるときは $V' = 0$ とする．

例題 2.3.8

上を示せ.

解答 $\overrightarrow{\mathrm{PQ}}, \overrightarrow{\mathrm{PR}}, \overrightarrow{\mathrm{PS}}$ を列ベクトルとする行列を T, $\overrightarrow{\mathrm{P'Q'}}, \overrightarrow{\mathrm{P'R'}}, \overrightarrow{\mathrm{P'S'}}$ を列ベクトルとする行列を T' とする. $\overrightarrow{\mathrm{P'Q'}} = f(\overrightarrow{\mathrm{PQ}}), \overrightarrow{\mathrm{P'R'}} = f(\overrightarrow{\mathrm{PR}}), \overrightarrow{\mathrm{P'S'}} = f(\overrightarrow{\mathrm{PS}})$ が成り立つので $T' = AT$ となる. また, $\det T' = \det(AT) = \det A \cdot \det T$ が成り立つ. すると

$$V' = \frac{1}{6}|\det T'| = \frac{1}{6}|\det A||\det T| = |\det A|\, V$$

が得られる.（4 面体なので, p.20 問題 1.2.11 の答を 1/6 倍する.） ◆

なお, $|\det A| = 1$ すなわち $\det A = \pm 1$ となる行列 A で表される 1 次変換は**等積**であるという.

演習問題

◆**1** 点 $(2,1), (3,2)$ をそれぞれ点 $(4,5), (6,7)$ に写像する 1 次変換を表す行列を求めよ.

◆**2** 原点を通り方向ベクトルが $(\cos\theta, \sin\theta)$ の直線 L を考える.

(1) L についての対称移動を表す行列を求めよ.

(2) L への正射影を表す行列を求めよ.

◆**3** 直線 $L : ax + by = 0$ $((a,b) \neq (0,0))$ を考える.

(1) L についての対称移動を表す行列を求めよ.

(2) L への正射影を表す行列を求めよ.

◆**4** $A = \begin{pmatrix} a & b \\ c & d \end{pmatrix}$ に対して

$$A^2 - (a+d)A + (ad-bc)E = O \quad \text{(ハミルトン-ケーリーの定理)}$$

が成り立つことを示せ.

◆**5** $A = \begin{pmatrix} a & b \\ c & d \end{pmatrix}$ が固有値 λ_1, λ_2 を持つとする. このとき $\lambda_1 + \lambda_2 = a + d$, $\det A = ad - bc = \lambda_1\lambda_2$ となることを示せ.

◆**6** 2 以上のある整数 n に対して 2×2 行列 A が $A^n = O$ を満たすとき, A が固有値 0 を持つことを示せ. また $A^2 = O$ を満たすことを示せ.

◆**7** 零行列でない 2×2 行列が $A^2 = A$ を満たすとき, 固有値 1 を持つことを示せ. さらに, この A が単位行列でない場合は, 固有値 0, 1 を持つことを示せ.

◆**8**　行列 A が固有値 $-1, 2$ を持ち，対応する固有ベクトルがそれぞれ $\begin{pmatrix} 1 \\ -1 \end{pmatrix}$，$\begin{pmatrix} 0 \\ 1 \end{pmatrix}$ とする．A を求めよ．

◆**9**　$A = \begin{pmatrix} 0 & 2 \\ 3 & 1 \end{pmatrix}$ に対して次の問に答えよ．

(1)　固有値と固有ベクトルを求めよ．

(2)　$P^{-1}AP$ が対角行列 $\begin{pmatrix} \alpha & 0 \\ 0 & \beta \end{pmatrix}$ となる P を求めよ．

(3)　A^n を計算せよ．

◆**10**　次の行列の階数を求めよ．

(1)　$\begin{pmatrix} 1 & 2 \\ -2 & -4 \end{pmatrix}$　　(2)　$\begin{pmatrix} -1 & 2 \\ 3 & -2 \end{pmatrix}$　　(3)　$\begin{pmatrix} 0 & 1 \\ 0 & 0 \end{pmatrix}$

◆**11**　連立 1 次方程式 $ax + by = 0$, $cx + dy = 0$ を考える．$A = \begin{pmatrix} a & b \\ c & d \end{pmatrix}$ として次を示せ．

(1)　$\mathrm{rank}\, A = 2 \Leftrightarrow$ 解は $(x, y) = (0, 0)$ のみ．

(2)　$\mathrm{rank}\, A = 1 \Leftrightarrow$ 解 $(x, y) = (\alpha, \beta)$ $(\fallingdotseq (0, 0))$ が存在し，すべての解はその定数倍で表される．

(3)　$\mathrm{rank}\, A = 0 \Leftrightarrow$ 解は任意の (x, y)．

◆**12**　行列 $\begin{pmatrix} -3 & 2 \\ -6 & 4 \end{pmatrix}$ で表される 1 次変換による次の図形の像を求めよ．

(1)　平面全体　　(2)　直線 $x + y = 1$　　(3)　直線 $-3x + 2y + d = 0$

◆**13**　平面内の直線のうち，次の行列によって表される 1 次変換で自分自身が像となるものをすべて求めよ．

(1)　$\begin{pmatrix} -3 & 4 \\ 4 & 3 \end{pmatrix}$　　(2)　$\begin{pmatrix} -7 & -12 \\ 4 & 7 \end{pmatrix}$

◆**14**　2×2 行列 A で表される 1 次変換 f を考える．原点を通らないある直線が f によって再び同じ直線に写像されるとき，A は固有値 1 を持つことを示せ．

◆**15**　次の行列で表される 1 次変換によって点 (p, q) に写像される点をすべて求めよ．

(1)　$\begin{pmatrix} 2 & 3 \\ -1 & 4 \end{pmatrix}$　　(2)　$\begin{pmatrix} 1 & 1 \\ 1 & 1 \end{pmatrix}$　　(3)　$\begin{pmatrix} 0 & 0 \\ -2 & 3 \end{pmatrix}$

◆**16**　原点を通らない 4 直線 L, M, L', M' があり，L と M，L' と M' はそれぞれ平行でないとする．このとき，L の像が L' に含まれ，M の像が M' に含まれるような 1 次変換 f が一意的に存在することを示せ．ヒント　原点を通らない直線の方程式は $\alpha x + \beta y + 1 = 0$ の形で一意的に表せることを利用すればよい．

◆**17**　平面内の 1 次変換 f について考える．原点を通らず平行でない 2 直線 L, M について，L の像は M に含まれ，M の像は L に含まれるとする．このとき f は一意的に決まることを示せ．また $f \circ f$ が恒等変換になることを示せ．

◆**18**　次の変換が 1 次変換か否か答えよ．($\boldsymbol{v} = (x, y, z)$ とし，$\boldsymbol{a}$ は定ベクトルとする．)

(1)　$f(\boldsymbol{v}) = (x - y + 1, z, y - 2)$

(2)　$f(\boldsymbol{v}) = (2x - y, 3z + x + y, -3x)$

(3)　$f(\boldsymbol{v}) = (3x + y, z^2 - x + y, 5x + 7y - z)$

(4)　$f(\boldsymbol{v}) = \boldsymbol{v} \times \boldsymbol{a}$　　(5)　$f(\boldsymbol{v}) = 3\boldsymbol{v} - (\boldsymbol{v} \cdot \boldsymbol{a})\boldsymbol{a}$　　(6)　$f(\boldsymbol{v}) = (\boldsymbol{v} \cdot \boldsymbol{a})\boldsymbol{v}$

◆**19**　空間内の平面 $H : a_1 x + a_2 y + a_3 z = 0$ を考える．

(1)　H についての対称移動を表す行列を求めよ．

(2)　H への正射影を表す行列を求めよ．

◆**20**　空間内の原点を通り方向ベクトルが $\boldsymbol{a} = (a_1, a_2, a_3)$ の直線 L を考える．L への正射影および L に関する対称移動を表す行列をそれぞれ求めよ．

◆**21**　次の行列の階数を求めよ．

(1)　$\begin{pmatrix} 0 & 1 & 2 \\ 3 & -2 & 1 \\ 0 & 2 & 0 \end{pmatrix}$　　(2)　$\begin{pmatrix} 2 & -1 & 1 \\ 4 & -2 & 2 \\ -2 & 1 & -1 \end{pmatrix}$　　(3)　$\begin{pmatrix} -1 & 1 & 2 \\ 0 & -2 & 1 \\ -1 & 3 & 1 \end{pmatrix}$

◆**22**　行列 A で表される空間内の 1 次変換 f を考える．

(1)　ある直線の像が同じ直線になるとき，その直線の方向ベクトルは A の固有ベクトルであることを示せ．

(2)　ある平面の像が同じ平面になるとき，その平面の法線ベクトルは ${}^tA$ の固有ベクトルであることを示せ．

◆**23**　行列 $\begin{pmatrix} 1 & 0 & 0 \\ 0 & 2 & 0 \\ 0 & 0 & 3 \end{pmatrix}$ で表される 1 次変換によって直線を写像するとき，像が再び同じ直線になるものを求めよ．

◆**24**　行列 $\begin{pmatrix} 2 & 1 & 0 \\ -2 & -1 & 0 \\ -2 & -1 & 2 \end{pmatrix}$ で表される 1 次変換による次の図形の像を求めよ．

(1)　空間全体　(2)　平面 $x+y=d$　(3)　平面 $2x+y-z=d$

◆**25**　行列 $\begin{pmatrix} 1 & 3 & 4 \\ 4 & 0 & 4 \\ 5 & -3 & 2 \end{pmatrix}$ で表される 1 次変換を考える．

(1)　空間全体の像を求めよ．　(2)　点 (p,q,r) に写像される点をすべて求めよ．

◆**26**　空間内に原点を通らない 6 平面 L, M, N, L', M', N' があり，L, M, N の法線ベクトル，L', M', N' の法線ベクトルはそれぞれ 1 次独立であるとする．このとき，L の像が L' に含まれ，M の像が M' に含まれ，N の像が N' に含まれるような 1 次変換 f が一意的に存在することを示せ．**ヒント**　原点を通らない平面の方程式は $\alpha x+\beta y+\gamma z+1=0$ の形で一意的に表せることを利用すればよい．

◆**27**　空間内の 1 次変換 f について考える．原点を通らず法線ベクトルが 1 次独立な 3 平面 L, M, N について，L の像が M に含まれ，M の像が N に含まれ，N の像が L に含まれるとする．このとき f は一意的に決まることを示せ．また $f\circ f\circ f$ が恒等変換になることを示せ．

◆**28**　A を 2×2 または 3×3 の直交行列としたとき，$\det A=\pm 1$ を示せ．

◆**29**　平面における 1 次変換 f について次を示せ．

(1)　f が等長のとき，半径 r の円は同じ半径の円に写像される．

(2)　f が等角のとき，円は円に写像される．

◆**30**　空間における 1 次変換 f について次を示せ．

(1)　f が等長のとき，半径 r の球面は同じ半径の球面に写像される．

(2)　f が等角のとき，球面は球面に写像される．

◆**31**　2 次元の 1 次独立なベクトルの組 $(\boldsymbol{a},\boldsymbol{b})$ を考える．$\boldsymbol{a}$ を反時計回りに回して $\boldsymbol{b}$ に平行にするときの角が，時計回りに回して $\boldsymbol{b}$ に平行にするときより小さい場合 $(\boldsymbol{a},\boldsymbol{b})$ を正の向き，その逆の場合を負の向きと呼ぶことにする．

(1)　$\boldsymbol{a},\boldsymbol{b}$ を列ベクトルとして並べた行列 $M=(\boldsymbol{a},\boldsymbol{b})$ を考える．$\det M>0$ なら $(\boldsymbol{a},\boldsymbol{b})$ が正の向き，$\det M<0$ なら $(\boldsymbol{a},\boldsymbol{b})$ が負の向きであることを示せ．

(2)　正則な行列 A で表される 1 次変換および正の向きの $(\boldsymbol{a},\boldsymbol{b})$ を考える．$\det A>0$ なら $(A\boldsymbol{a},A\boldsymbol{b})$ が正の向き，$\det A<0$ なら $(A\boldsymbol{a},A\boldsymbol{b})$ が負の向きになることを示せ．

◆**32**　正則な 3×3 行列 A で表される 1 次変換を考える．1 次独立なベクトル $\boldsymbol{a}$, $\boldsymbol{b}$, $\boldsymbol{c}$ がこの順で右手系のとき，$\det A>0$ なら $A\boldsymbol{a}$, $A\boldsymbol{b}$, $A\boldsymbol{c}$ はこの順で右手系，$\det A<0$ なら左手系であることを示せ．

第3章

集合と写像

この章では，“もの”の集まりである集合と，ものからものへの対応を定める写像について説明する．どちらも数学が扱う量や法則の全般にまたがる基本概念であり，これらをきちんと把握することは数学の勉強の第一歩である．また，慣れない人には理解しづらく間違いやすい事項が意外に多い．本書に示すような具体例や問題を通じてしっかりと学んでほしい．

3.1 集 合

集合 (set) とは，いくつかのものをひとまとめにした集まりのことであり，たいへん広い概念である．ただし数学として取り扱うには，その集まり自体が明確に定義されなければならない．そこで本書では数や式など数学的な量を集めた集合に限定して解説する．

たとえば 1 と 2 と 3 という数を集めた集合が考えられる．集合に属するもののことを**要素**あるいは**元**（げん）（どちらも element）といい，今の場合は 1, 2, 3 それぞれが要素である．集合の表示はこのような要素を並べて示せばよく，今の場合は $\{1,2,3\}$ などと記す．要素の順番は問わないので $\{2,3,1\}$ でも構わない．自然数全体のように要素の個数が無限の場合もある．この場合は $\{1,2,3,\ldots\}$ というふうに無限に続く列で示してよいが，省略された「...」の部分を文脈から正しく推測できる必要がある．

集合そのものに名前をつけると便利であり，$\{1,2,3\}$ に A という名前を付けるなら $A=\{1,2,3\}$ となる．x が集合 A の要素として含まれる場合，$x \in A$ または $A \ni x$ と記す．$A=\{1,2,3\}$ の例ではたとえば $2 \in A$ あるい

は $2 \in \{1,2,3\}$ である．逆に x が A に含まれない場合は $x \notin A$ と書く．たとえば $4 \notin \{1,2,3\}$ である．

集合を図で表すのに**ベン図** (Venn diagram) あるいは**オイラー図** (Euler diagram) と呼ばれるものがある．たとえば上で述べた集合 A ならば以下のように記す．

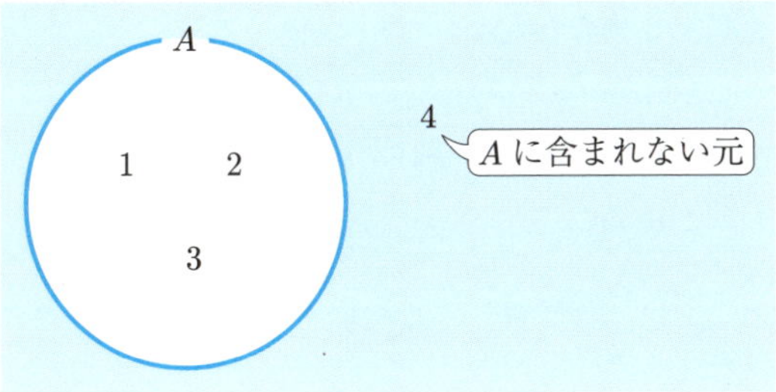

集合のもう一つの表示方法に，要素であるための条件を示すという方法がある．その一般的な形式は $\{x \mid x$ に対する条件$\}$ である．たとえば $A = \{x \mid x$ は 1 以上 3 以下の整数$\}$ とすると $A = \{1,2,3\}$ となる．この表示方法を用いれば，前に述べた列挙する方法では表現できない集合も表現できる．たとえば 0 以上 1 以下の実数全体の集合は，要素を列挙して示すことはできないが，$\{x \mid x$ は $0 \leqq x \leqq 1$ を満たす実数$\}$ と表すことができる．

代表的な数の集合は特定の記号で表されることが多い．以下にその例を挙げる．

代表的な数の集合

$\boldsymbol{N} = \{1,2,3,\ldots\}$：**自然数** (natural number) 全体

$\boldsymbol{Z} = \{\ldots,-3,-2,-1,0,1,2,3,\ldots\}$：**整数** (integer，ドイツ語 ganze Zahl) 全体

$\boldsymbol{Q} = \{\frac{m}{n} \mid m \in \boldsymbol{Z}, n \in \boldsymbol{N}\}$：**有理数** (rational number) 全体

$\boldsymbol{R} =$ **実数** (real number) 全体

$\boldsymbol{C} = \{a+bi \mid a,b \in \boldsymbol{R}\}$：**複素数** (complex numbers) 全体

（i は虚数単位，第 4 章を参照のこと）

また，整数 p の倍数全体のことを $p\boldsymbol{Z}$ と表すこともある．すなわち $p\boldsymbol{Z} = \{pn \mid n \in \boldsymbol{Z}\}$ である．

問　題

3.1.1 次の集合を式で表せ．
(1) -5 から 7 までの整数　(2) 負の整数全体
(3) 1 以上 3 未満の実数

区間 (interval) とは数直線上の範囲を指定した実数の集合のことであり，以下のようなものがある．

区間

$$[a, b] = \{x \mid x \in \boldsymbol{R},\ a \leqq x \leqq b\}$$
$$(a, b) = \{x \mid x \in \boldsymbol{R},\ a < x < b\}$$
$$[a, b) = \{x \mid x \in \boldsymbol{R},\ a \leqq x < b\}$$
$$(a, b] = \{x \mid x \in \boldsymbol{R},\ a < x \leqq b\}$$

上の a, b を**端点**（たんてん）(end point) といい，

- $[a, b]$ を**閉区間** (closed interval),
- (a, b) を**開区間** (open interval),
- $[a, b)$, $(a, b]$ を**半開区間** (semi-open interval)

という．さらに，正の実数全体は $\boldsymbol{R}^+ = (0, \infty) = \{x \mid x \in \boldsymbol{R},\ 0 < x\}$，負の実数全体は $\boldsymbol{R}^- = (-\infty, 0) = \{x \mid x \in \boldsymbol{R},\ x < 0\}$ と表す．

自然数は整数であるが，負の整数は自然数ではない．ということは自然数全体の集合は整数全体の集合の一部になっている．このように，ある集合が別の集合に含まれる，含まれないという**包含関係** (inclusion relation) を定めることは，それぞれの集合の成り立ちを知るために重要である．

集合同士の包含関係

(1)　集合 A, B に対して，A のすべての要素が B の要素にもなっている場合，すなわち，$x \in A$ ならば常に $x \in B$ となっている場合，A は B の**部分集合** (subset) であるといい，$A \subset B$ または $B \supset A$ と書く．このとき A は B に含まれる，あるいは，B は A を含むという．この関係は，($x \in A$ かつ $x \notin B$) となる x が存在しないと言い換えることもできる．

(2)　上の関係の否定 $A \not\subset B$ は，A が B の部分集合でない (A が B に含まれない) ことを表す．部分集合の定義より，このことは ($x \in A$ かつ $x \notin B$) となる x が存在することにほかならない．

たとえば上に挙げた自然数と整数の包含関係については，すべての自然数は整数であるから $\boldsymbol{N} \subset \boldsymbol{Z}$ であり，整数の中には自然数でないものがあるから $\boldsymbol{Z} \not\subset \boldsymbol{N}$ となる．

例題 3.1.1

次を示せ．

(1)　$6\boldsymbol{Z} \subset 2\boldsymbol{Z}$　　(2)　$2\boldsymbol{Z} \not\subset 6\boldsymbol{Z}$

解答　(1)　$x \in 6\boldsymbol{Z}$ とすると，ある整数 n が存在して $x = 6n$ と書ける．よって $m = 3n$ とすれば，$x = 2m$ ($m \in \boldsymbol{Z}$) となり $x \in 2\boldsymbol{Z}$ となる．

(2)　$x \in 2\boldsymbol{Z}$ かつ $x \notin 6\boldsymbol{Z}$ となる x が存在することを示せばよい．たとえば $x = 4$ は，$4 \in 2\boldsymbol{N}$ かつ $4 \notin 6\boldsymbol{N}$ となる．◆

問　題

3.1.2 次を示せ．

(1)　$A \subset A$

(2)　$A \subset B$ かつ $B \subset C$ なら $A \subset C$

要素を 1 つも持たない特別な集合も存在する．

空集合

要素を 1 つも持たない集合 $\{\}$ を**空**(くう)**集合** (empty set) といい，$\emptyset$ や $\varnothing$ の記号で表す．空集合は任意の集合の部分集合となる．

例題 3.1.2

集合 A に対し $\emptyset \not\subset A$ とすると，どのような矛盾が生じるか．

解答 $\emptyset \not\subset A$ ならば $x \in \emptyset$ かつ $x \notin A$ となる要素 x が存在しなければならないが，$x \in \emptyset$ なる x は存在しないので矛盾． ◆

集合の相等

集合 A と集合 B が同じ要素からなるとき，A と B は等しい (equal) といい

$$A = B \quad \text{あるいは} \quad B = A$$

と書く．このための必要十分条件は

$$A \subset B \quad \text{かつ} \quad A \supset B$$

となることである．

注意 $A \neq B$ は $A = B$ の否定であり，上の定義より $A \not\subset B$ または $A \not\supset B$ となることである．

例題 3.1.3

$-2\boldsymbol{Z} = 2\boldsymbol{Z}$ であることを示せ．

解答 まず $-2\boldsymbol{Z} \subset 2\boldsymbol{Z}$ を示す．$x \in -2\boldsymbol{Z}$ なら，ある $n \in \boldsymbol{Z}$ が存在して $x = -2n$ となる．$-2n = 2(-n)$ なので $x \in 2\boldsymbol{Z}$ である．$-2\boldsymbol{Z} \supset 2\boldsymbol{Z}$ の証明も同様． ◆

なお，$A \subset B$ で $A \neq B$ のとき，A は B の**真部分集合** (proper subset) といい，$A \subsetneq B$ あるいは $B \supsetneq A$ と書く．

2 つの集合の関係を図に表すならば，以下のような場合が挙げられる．

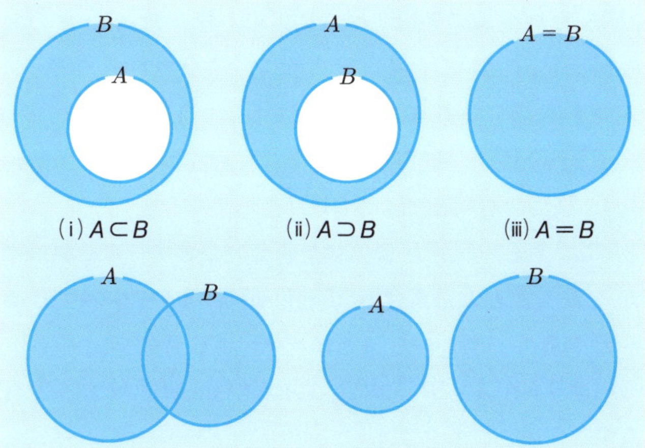

(i) $A \subset B$ (ii) $A \supset B$ (iii) $A = B$

(iv) (v)

しかし線で区切られた領域が常に要素を持つとは限らない．上の (iv) の図の各領域を右図のようにア，イ，ウとしよう．するとア $= \emptyset$，イ $= \emptyset$，ウ $= \emptyset$，ア $=$ ウ $= \emptyset$ の場合は，それぞれ (i), (v), (ii), (iii) の関係を表しているとみなせる．したがって 2 つの集合の関係を (iv) の図で代表させることが多い．

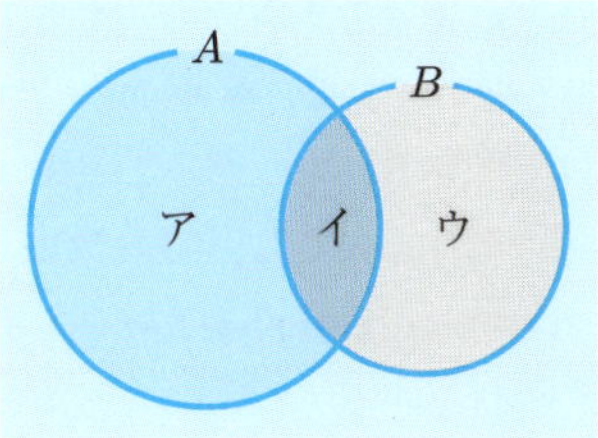

集合同士は常に包含関係にあるとは限らない．たとえば 2 つの集合に対して，その共通部分の集合や，両方の集合を併せた集合を表すことができれば便利である．

和集合・共通部分・差集合

2 つの集合 A, B を考える．

(1) A と B の要素すべてを集めた集合を A と B の**和集合** (union) といい，$A \cup B$ と書く．すなわち $A \cup B = \{x \mid x \in A \text{ または } x \in B\}$ である．あるいは『$x \in A \cup B \iff x \in A$ または $x \in B$』によって $A \cup B$ を定義する．

(2) A と B の共通の要素すべてを集めた集合を A と B の**共通部分** (intersection) といい，$A \cap B$ と書く．すなわち $A \cap B = \{x \mid x \in A$ かつ $x \in B\}$ である．あるいは『$x \in A \cap B \iff x \in A$ かつ $x \in B$』によって $A \cap B$ を定義する．共通部分は**交わり** (intersection, meet)，**積集合** (product) ともいう．

(3) A には含まれるが B には含まれない要素すべてを集めた集合を A から B を引いた**差集合** (difference set) といい，$A \setminus B$ あるいは $A - B$ と書く．すなわち $A \setminus B = \{x \mid x \in A$ かつ $x \notin B\}$ である．あるいは『$x \in A \setminus B \iff x \in A$ かつ $x \notin B$』によって $A \setminus B$ を定義する．

注意　レストランで「定食にはライスまたはパンがつきます.」といわれた場合,「または」は通常どちらか片方を指して両方を指さない．しかし，数学用語で「A または B」という文は，A か B のどちらか片方の場合も，A と B の両方の場合も含めて意味している．したがって数 1 は「自然数または負の整数」（前者のみあてはまる）という条件を満たし,「自然数または整数」（両方ともあてはまる）という条件を満たしてもいる．日常用語と異なる用法に注意してほしい．

和集合・共通部分・差集合を図に表すと以下の斜線部となる．

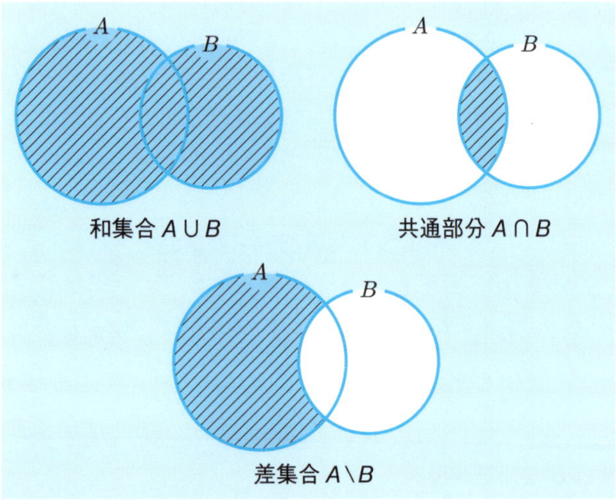

問 題

3.1.3 $A = \{1, 2, 3, 4, 5\}$, $B = \{2, 4, 6, 8\}$ とする．$A \cup B$, $A \cap B$, $A \setminus B$ を求めよ．

今までは集合の内側，すなわち集合に含まれる要素についてのみ述べてきたが，集合の外にも目を向けよう．ただし，集合に含まれない“もの”というのは要素以外のどのようなものもあてはまるので，これと指し示すことが難しい．そこで，ある集合によって考える対象全体を規定し，その集合の部分集合に対して内と外を考えることが多い．

補集合

集合 U とその部分集合 A に対し，A に含まれない U の要素を集めた集合を A の（U における）**補集合** (complement, complementary set) といい，A^c あるいは $\overline{A}$ と書く．すなわち $A^c = \{x \mid x \in U \text{ かつ } x \notin A\}$ である．また，今の場合の U のように，考えている対象全体を表す集合のことを**全体集合**あるいは**普遍集合**（ともに universal set）と呼ぶ．

全体集合 U とその部分集合 A に対して補集合 A^c を図に表すなら以下のようになる．

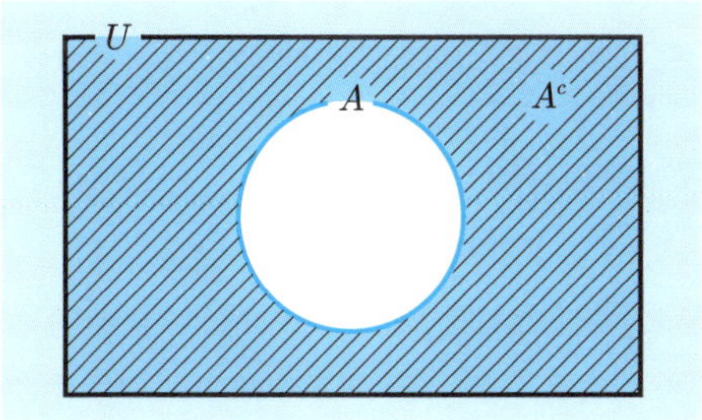

補集合の例として，たとえば全体集合を実数全体 $\boldsymbol{R}$ とするとき，その部分集合である有理数全体 $\boldsymbol{Q}$ の補集合 $\boldsymbol{Q}^c$ は無理数全体となる．また全体集合を整数全体 $\boldsymbol{Z}$ とするとき，その部分集合である偶数全体 $2\boldsymbol{Z}$ の補集合 $(2\boldsymbol{Z})^c$ は奇数全体となる．

問　題

3.1.4 全体集合 U とその部分集合 A を以下のようにとるとき，補集合 A^c を求めよ．

(1) $U = \boldsymbol{Z}, A = \boldsymbol{N}$　　(2) $U = \boldsymbol{C}, A = \boldsymbol{R}$

(3) $U = \boldsymbol{Z}, A = \boldsymbol{Z}$

集合の重要な公式に**ド・モルガンの法則** (de Morgan's law) がある．

ド・モルガンの法則

全体集合を U とし，その部分集合 A, B を考える．このとき以下のド・モルガンの法則が成り立つ．

$$(A \cup B)^c = A^c \cap B^c, \qquad (A \cap B)^c = A^c \cup B^c$$

この法則は図によって直観的に理解できる．それぞれの法則の両辺は次に示すような集合を表している．

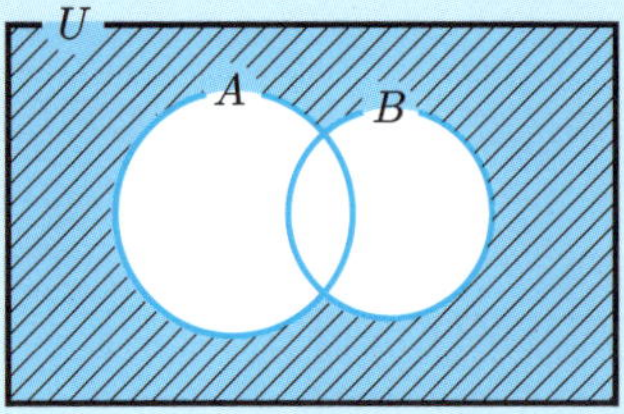

$(A \cup B)^c = A^c \cap B^c$

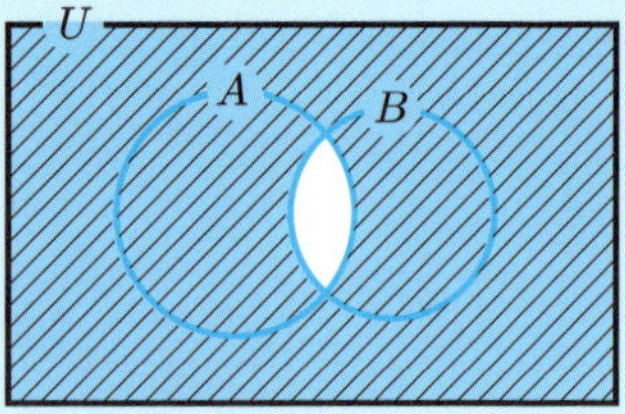

$(A \cap B)^c = A^c \cup B^c$

今までに，「ならば」「または」「かつ」「でない」という言葉を含む文がしばしば登場してきた．これらの言葉をより精密に理解することは，何かを証明する場合にたいへん重要である．集合に関する定義自身にこれらの言葉が使われていることから明らかなように，これらの言葉と集合は密接な関係がある．そこで，その関係について説明する．まず証明の対象となる命題について定義する．

命題

一般に，その主張が正しいか否かが定まっている文や式を**命題** (proposition) という．また，命題が正しいときその命題は**真** (true) であるといい，正しくないとき**偽** (false) であるという．

たとえば「3は奇数である」という命題は真であり,「3は5より大きい」という命題は偽である．

では,「実数 x に対し，$x > 2$ ならば $x^2 > 1$」という命題を考えよう．この命題は明らかに真である．一方，実数全体を全体集合とし，$A = \{x \,|\, x > 2\}$, $B = \{x \,|\, x^2 > 1\}$ とすると，$A \subset B$ の関係にある．このように全体集合を U とし，条件 p, q を満たす x の集合をそれぞれ $S(p), S(q)$ と表すとき,「p ならば q」が真であるとき「$S(p) \subset S(q)$」となる．なお「p ならば q」は「$p \Rightarrow q$」と書いても構わない．

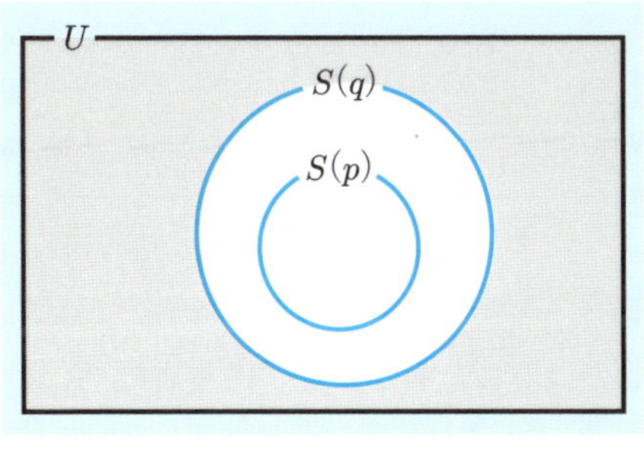

（x についての）2つの条件 p, q について「$p \Rightarrow q$」が真のとき，q は p であるための**必要条件** (necessary condition) であるといい，p は q であるための**十分条件** (sufficient condition) であるという．さらに「$p \Rightarrow q$」と「$q \Rightarrow p$」がともに真であるとき，p は q と**同値** (equivalent) であるといい,「$p \iff q$」と書く．このとき，q は p であるための**必要十分条件** (necessary and sufficient condition) であるという．同様に p は q であるための必要十分条件である．

では「$p \Rightarrow q$」が偽のときはどうであろうか．この場合，p を満たすもののうち q を満たさないものが存在しなければならない．このことはすなわち「$S(p) \not\subset S(q)$」を意味している．以上より次のことがわかる．

命題と集合

全体集合を U とし，その要素のうち条件 p, q を満たす集合をそれぞれ $S(p), S(q)$ とする．

(1)　「$p \Rightarrow q$」が真であることと $S(p) \subset S(q)$ は同値である．

(2)　「$p \Rightarrow q$」が偽であることと $S(p) \not\subset S(q)$ は同値である．

(3)　「$p \iff q$」が真であることと $S(p) = S(q)$ は同値である．

「$p \Rightarrow q$」が偽であることを示すには p を満たすが q を満たさない例，すなわち**反例** (counterexample) を 1 つでも見つければよい．すなわち $x \in S(p)$ であるが $x \notin S(q)$ となるような要素 x を 1 つ見つければよい．

次に和集合，共通部分，補集合の定義から以下のことがわかる．

条件と集合

全体集合を U とし，その要素のうち条件 p, q を満たす集合をそれぞれ $S(p), S(q)$ とする．

(1)　条件「p または q」を満たす要素の集合は $S(p) \cup S(q)$ である．

(2)　条件「p かつ q」を満たす要素の集合は $S(p) \cap S(q)$ である．

(3)　条件「p でない」を満たす要素の集合は $S(p)^c$ である．

なお，条件「p でない」を p の**否定** (negation) といい，記号 $\overline{p}$ または $\neg p$ で表す．

注意　「p または q」は $p \vee q$，「p かつ q」は $p \wedge q$ と書くこともある．

p.108 のド・モルガンの法則に現れる集合を，何らかの条件が表す集合とみなすことで以下がわかる．

条件の否定

(1) $\overline{p\text{ または }q} \iff \overline{p}\text{ かつ }\overline{q}$

(2) $\overline{p\text{ かつ }q} \iff \overline{p}\text{ または }\overline{q}$

注意　$\overline{p\text{ または }q}$, $\overline{p\text{ かつ }q}$ はそれぞれ「p または q」の否定,「p かつ q」の否定を意味する.

再び集合の話に戻ろう．ド・モルガンの法則以外に，集合に関してさまざまな公式が成り立つ．まず，和集合，共通部分，差集合について以下が成り立つ．

和集合・共通部分・差集合の公式

集合 A, B, C に対して以下の公式が成り立つ.

(1) $A \cup B = B \cup A$

(2) $A \subset A \cup B, \quad B \subset A \cup B$

(3) $A \subset C$ かつ $B \subset C$ ならば $A \cup B \subset C$

(4) $(A \cup B) \cup C = A \cup (B \cup C)$

(5) $A \cap B = B \cap A$

(6) $A \cap B \subset A, \quad A \cap B \subset B$

(7) $A \subset B$ かつ $A \subset C$ ならば $A \subset B \cap C$

(8) $(A \cap B) \cap C = A \cap (B \cap C)$

(9) $A \cup (B \cap C) = (A \cup B) \cap (A \cup C)$

(10) $A \cap (B \cup C) = (A \cap B) \cup (A \cap C)$

(11) $A \setminus B \subset A$

注意　(1), (4) より，$((A \cup B) \cup C) \cup D = (D \cup B) \cup (A \cup C)$ などが成り立ち，どの順で和集合をとっても差し支えない．したがって括弧をとり，集合の順序を適当に並べて $A \cup B \cup C \cup D$ などと記して差し支えない．また，共通部分についても (5), (8) から同様のことが成り立つ．したがって，たとえば $((A \cap B) \cap C) \cap D$ を $A \cap B \cap C \cap D$ と書いてよい．

例題 3.1.4

上の公式の (2), (7), (9) を示せ．

解答　(2)　$x \in A$ なる x は $x \in A$ または $x \in B$ という条件を満たす．したがって $A \subset A \cup B$．$B \subset A \cup B$ も同様．

(7)　$A \subset B$ かつ $A \subset C$ ということは，$x \in A$ なる x は $x \in B$ と $x \in C$ を同時に満たす．したがって $A \subset B \cap C$．

(9)　まず（左辺 $\subset$ 右辺）を示す．そのためには

$$x \in A \cup (B \cap C)$$

なる x について $x \in A$ と $x \notin A$ の 2 通りのいずれでも $x \in (A \cup B) \cap (A \cup C)$ となることを示せばよい．$x \in A$ の場合，公式 (2) より $x \in A \cup B$ かつ $x \in A \cup C$ なので $x \in (A \cup B) \cap (A \cup C)$．$x \notin A$ の場合，x は $x \in A \cup (B \cap C)$ であったので $x \in B \cap C$ すなわち $x \in B$ かつ $x \in C$．よって $x \in A \cup B$ かつ $x \in A \cup C$ なので，やはり $x \in (A \cup B) \cap (A \cup C)$．

次に（左辺 $\supset$ 右辺）を示す．そのためには

$$x \in (A \cup B) \cap (A \cup C)$$

なる x について $x \in A$ と $x \notin A$ の 2 通りのいずれでも $x \in A \cup (B \cap C)$ となることを示せばよい．$x \in A$ の場合 $x \in A \cup (B \cap C)$．$x \notin A$ の場合，$x \in (A \cup B) \cap (A \cup C)$ なので $x \in A \cup B$ かつ $x \in A \cup C$ であり，$x \in B \cap C$ となり，やはり $x \in A \cup (B \cap C)$．

以下のような図によって 3 つの集合の包含関係を一般的に表すことができ，たとえば公式 (9) の両辺が表す集合は図の斜線部となる．

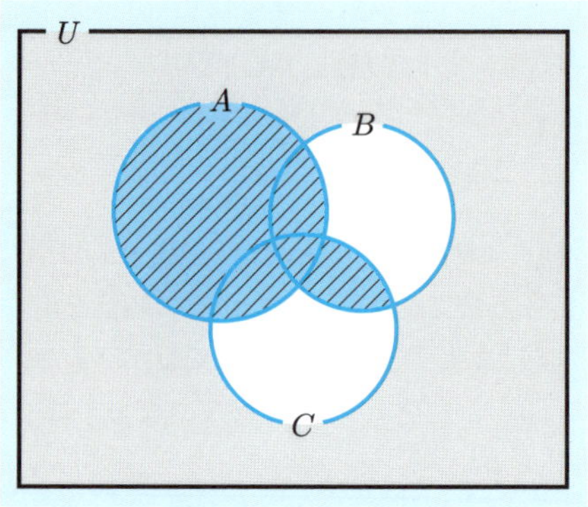

◆

問 題

3.1.5 p.111 の和集合・共通部分・差集合の公式について，(2), (7), (9) 以外の公式を証明せよ．

3.1.6 次を示せ．

(1) $A \subset B$ ならば $A \cup B = B$ (2) $A \cup B = B$ ならば $A \subset B$

(3) $A \supset B$ ならば $A \cap B = B$ (4) $A \cap B = B$ ならば $A \supset B$

3.1.7 集合 A, B に対し，次を満たすための A, B に対する条件を求めよ．

(1) $A \setminus B = A$ (2) $A \setminus B = \emptyset$

例題 3.1.5

全体集合を U とし，条件 p, q, r を満たす要素の集合をそれぞれ $S(p)$, $S(q)$, $S(r)$ とする．このとき p.111 の和集合・共通部分・差集合の公式 (2), (9) の A, B, C をそれぞれ $S(p), S(q), S(r)$ に置き換えて得られる命題を示せ．

解答 p.110 の命題と集合の関係，および p.110 の条件と集合の関係を用いればよい．

(2) $A \subset A \cup B$ より「$p \Rightarrow$ (p または q)」，$B \subset A \cup B$ より「$q \Rightarrow$ (p または q)」が得られる．

(9) 「(p または (q かつ r)) $\Longleftrightarrow$ ((p または q) かつ (p または r))」が得られる．

◆

問 題

3.1.8 上の例題と同様のことを和集合・共通部分・差集合の他の公式について行え．

次に補集合に関する公式を与える．

補集合の公式

全体集合を U とし，その部分集合 A, B を考える．このとき以下の公式が成り立つ．

(1) $x \in A \Longleftrightarrow x \notin A^c$

(2) $(A^c)^c = A$

(3) $A \subset B$ ならば $A^c \supset B^c$

(4) $U^c = \emptyset,\quad \emptyset^c = U$

(5) $A \setminus B = A \cap B^c$

例題 3.1.6

補集合の公式 (1)~(5) を示せ.

解答 (1) U の要素 x に対し，常に $x \in A$ か $x \notin A$ のどちらか一方のみが成り立つので明らか.

(2) 補集合の定義より $x \notin A^c$ ならば $x \in (A^c)^c$ である．すると (1) より $x \in A$ ならば $x \in (A^c)^c$ となる．よって $A \subset (A^c)^c$ が成り立つ．また，$x \in (A^c)^c$ ならば $x \notin A^c$ であり，(1) より $x \in A$ となる．よって $(A^c)^c \subset A$ が成り立つ.

(3) $A \subset B$ を仮定する．この関係は $x \in A$ かつ $x \notin B$ となる x は存在しないことと同値である．(1), (2) より $x \in A$ は $x \notin A^c$，$x \notin B = (B^c)^c$ は $x \in B^c$ と同値である．よって $x \in B^c$ かつ $x \notin A^c$ となる x が存在しないことと同値であり，$B^c \subset A^c$ が示せる.

(4) $U^c = \{x \mid x \notin U\}$ である．U は全体集合なので条件を満たす x は存在せず $U^c = \emptyset$ となる．また

$$\emptyset^c = \{x \mid x \notin \emptyset\}$$

である．U の任意の要素がこの条件を満たすので $\emptyset^c = U$ である.

(5) $x \in A \setminus B$ は $x \in A$ かつ $x \notin B$ と同値である．$x \notin B$ は (1) より $x \in B^c$ と同値なので，$x \in A \setminus B$ は $x \in A$ かつ $x \in B^c$ と同値．よって $x \in A \setminus B \iff x \in A \cap B^c$. ◆

問 題

3.1.9 『$A \subset B \iff A^c \supset B^c$』を示せ.

3.1.10 以下のド・モルガンの法則の拡張は成り立つか.

$$(A \cap B \cap C)^c = A^c \cup B^c \cup C^c,$$
$$(A \cup B \cup C)^c = A^c \cap B^c \cap C^c$$

ある命題を証明するときに，その命題と関係の深い別の命題を考えると便利なことが多い．命題同士の基本的な関係は以下のように定義される.

逆・裏・対偶

命題「$p \Rightarrow q$」に対して「$q \Rightarrow p$」,「$\overline{p} \Rightarrow \overline{q}$」,「$\overline{q} \Rightarrow \overline{p}$」をそれぞれ元の命題の**逆** (converse), **裏** (inverse), **対偶** (contraposition) という. $\overline{p}$ の否定 $\overline{\overline{p}}$ は p に等しいので, たとえば $\overline{p} \Rightarrow \overline{q}$ の裏, $\overline{q} \Rightarrow \overline{p}$ の対偶はともに $p \Rightarrow q$ となる. 以上の命題の関係を次図に示す.

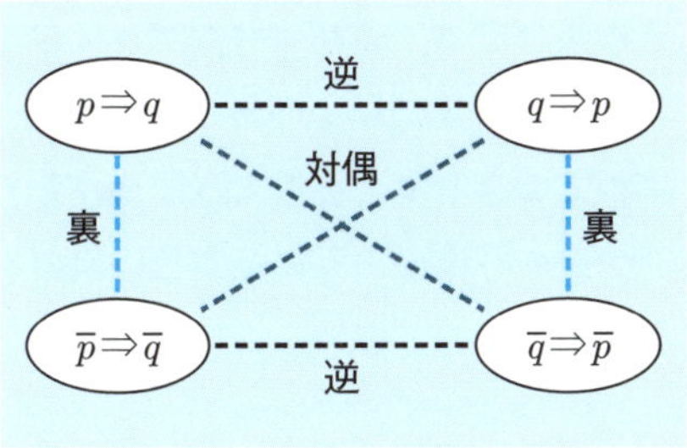

問 題

3.1.11 実数 x に対して「$x > 2$ ならば $x^2 > 1$ である」という命題を考える. この命題の逆・裏・対偶を述べよ. またそれぞれの真偽を述べよ.

例題 3.1.7

全体集合を U とし, 条件 p, q を満たす要素の集合をそれぞれ $S(p)$, $S(q)$ とする. このとき命題「$p \Rightarrow q$」の真偽と, その対偶「$\overline{q} \Rightarrow \overline{p}$」の真偽は一致することを示せ.

解答 「$p \Rightarrow q$」が真である場合, p.110 の命題と集合の関係 (1) より「$S(p) \subset S(q)$」が同値となる. さらに, p.114 問題 3.1.9 より「$S(p)^c \supset S(q)^c$」と同値である. すると再び命題と集合の関係 (1) および p.110 の条件と集合の関係 (3) より「$\overline{q} \Rightarrow \overline{p}$」と同値であることがわかる. よって真偽は一致する. ◆

上の例題より，ある命題を証明する代わりにその対偶を証明してもよいことがわかる．対偶の方が証明しやすい命題に対してこの方法は有効である．さらに，$S(p) \subset S(q)$ であるとき，$S(p) \supset S(q)$ は一般に成り立たない．このことから，真である命題の逆は必ずしも真とは限らない．また，対偶の逆が裏であり，元の命題と対偶の真偽は一致するので，真である命題の裏は必ずしも真とは限らない．

これまで説明してきた集合では，それぞれの集合に含まれる要素のみを考えてきた．今度は 2 つあるいは 3 つ以上の集合からそれぞれ要素を取りだして組にし，その組を集めてできる集合を考える．そうしてできる集合も単に集合の一種であるが，次節の写像のように多変数の組の対応を考える場合などに便利な定義を与える．

直積集合

集合 A, B に対し，A, B それぞれの要素の組 (a, b) の全体を A と B の**直積**（ちょくせき） (direct product) または**デカルト積** (Cartesian product) といい，$A \times B$ と書く．すなわち

$$A \times B = \{(a, b) \,|\, a \in A,\ b \in B\}$$

である．ただし組 (a, b) はその順序も区別し，一般に $(a, b) \fallingdotseq (b, a)$ である．このような組のことを**順序対**（つい） (ordered pair) という．順序対はそれぞれの対応する要素が等しいときのみ同じであるとする．すなわち

$$(a_1, b_1) = (a_2, b_2) \iff a_1 = a_2 \text{ かつ } b_1 = b_2$$

である．

さらに，3 つ以上の集合の直積も，それぞれの集合の要素を組にした順序対を用いて以下のように定義する．

$$A \times B \times C \times \cdots = \{(a, b, c, \ldots) \,|\, a \in A,\ b \in B,\ c \in C,\ \ldots\}$$

また，$A \times A$, $A \times A \times A$, $\ldots$ をそれぞれ A^2, A^3, $\ldots$ と表してもよい．

例題 3.1.8

$A=\{0,1,2\}, B=\{0,1\}, C=\{-1,1\}$ とするとき，$A\times B$, $A\times B\times C$, B^2 の要素をすべて示せ．

解答

$$A\times B=\{(0,0),(0,1),(1,0),(1,1),(2,0),(2,1)\},$$
$$A\times B\times C=\{(0,0,-1),(0,0,1),(0,1,-1),(0,1,1),(1,0,-1),(1,0,1),(1,1,-1),(1,1,1),(2,0,-1),(2,0,1),(2,1,-1),(2,1,1)\},$$
$$B^2=B\times B=\{(0,0),(0,1),(1,0),(1,1)\}$$
◆

問 題

3.1.12 区間 A, B をそれぞれ $A=[0,1]$, $B=[-1,1)$ とする．このとき $A\times B$ の要素 (a,b) を xy 平面内の点の座標とみなしたとき，すべての要素によってできる図形を示せ．

3.2 写 像

写像とは，集合から集合への要素の対応のことであり，基礎的で重要な概念である．写像は理工学のいろいろな場面に登場し，新しい理論や応用が現在でも生まれている．本節ではこのような写像に関する基本的な定義や一般的な枠組みについて説明する．

写像

(1) 集合 A の各要素に対し集合 B の要素を 1 つ対応させるとき，その対応のさせ方を**写像** (map, mapping) と呼ぶ．たとえば集合 A から B への対応のさせ方に f という名前をつけるなら以下のように表す．

$$f: A\to B \quad \text{あるいは} \quad A\xrightarrow{f} B$$

これを A から B への f による写像という．また，A の要素 a に対応する B の要素を $f(a)$ と書き，これを f の a における**値** (value)

または f による a の**像** (image) という．要素同士の対応は

$$a \mapsto f(a)$$

と書く．さらに A を f の**定義域** (domain) という．A の要素の f による像全体の集合，すなわち

$$\{f(a) \mid a \in A\}$$

を**値域**（ちいき） (range) といい，B の部分集合となる．

(2) 集合 A, B に対して 2 つの写像 $f : A \to B$, $g : A \to B$ を考える．任意の $a \in A$ に対して常に $f(a) = g(a)$ となるとき，f と g は**等しい** (equal) といい，$f = g$ と書く．

注意 1 写像という用語は，**関数** (function) と言い換えることもある．特に定義域と値域が数の集合である場合に関数と呼ぶことが多い．2 次関数，三角関数の「関数」がこれにあたる．本書でも場合に応じて関数という用語を用いている．また，**変換** (transformation) と言い換えることもある．変換という用語は $f : A \to B$ の A と B が等しいときに用いることが多い．1 次変換の「変換」がこれにあたる．

注意 2 関数はしばしば $f(x) = x^2 + 1 \ (x > 0)$ などという形で定義することが多い．この場合，定義域は $x > 0$ という条件より区間 $(0, \infty)$ であるとわかる．また，値域は $(1, \infty)$ であることが $f(x) = x^2 + 1$ から自ずとわかるが，$f : A \to B$ という形では B が定まらない．このような場合，特に問題にならない限り B は値域を含む適当な集合であると想定する．

以下のように名前が付いている特別な写像が存在する．

定値写像・恒等写像

(1) 写像 $f : A \to B$ において，任意の $a \in A$ に対し常に $f(a)$ が同じ値をとるとき，f を**定値写像** (constant map) という．

(2) 写像 $f : A \to A$ について，任意の $a \in A$ に対し常に $f(a) = a$ となるとき，**恒等写像** (identity map) あるいは**恒等変換** (identity transformation) という．このような f を id_A や 1_A と書く．

写像（関数）の例

(1)　2 次関数：$f(x) = ax^2 + bx + c$　$(x \in \boldsymbol{R},\ a \neq 0)$

(2)　正弦関数：$f(x) = \sin(x)$　$(x \in \boldsymbol{R})$

(3)　定値写像：$f(x) = 2$　$(x \in \boldsymbol{R})$

(4)　恒等写像：$f(x) = x$　$(x \in \boldsymbol{R})$

(5)　2 変数関数：$f : \boldsymbol{N}^2 \to \boldsymbol{N}$, $f(x, y) = x$ と y の最小公倍数

(6)　1 次変換：$f : \boldsymbol{R}^2 \to \boldsymbol{R}^2$, $f(\boldsymbol{a}) = A\boldsymbol{a}$　（A は実 2×2 行列）

定義域の部分集合は値域の部分集合に写像される．平面内や空間内の図形から図形への 1 次変換がこれにあたる．このような部分集合の写像を考えるときに便利な概念が像や逆像である．

像・逆像

写像 $f : A \to B$ と A の部分集合 A'（$\subset A$）に対し，すべての $a \in A'$ に対して $g(a) = f(a)$ となる写像 $g : A' \to B$ を，f の A' への**制限** (restriction) といい

$$f|_{A'}$$

で表す．逆に f は g の A への**拡大** (extension) という．

(1)　$f|_{A'}$ の値域を f による A' の**像** (image) といい，$f(A')$ で表す．すなわち以下の集合である．

$$f(A') = \{f(a) \,|\, a \in A'\}$$

(2)　B の部分集合 B' に対して，写像すると B' の要素になるような A の要素すべてを集めた集合を B' の**逆像** (inverse image) といい，$f^{-1}(B')$ で表す．すなわち以下の集合である．

$$f^{-1}(B') = \{a \,|\, a \in A,\ f(a) \in B'\}$$

例題 3.2.1

関数 $f(x) = x^2$ $(x \in \boldsymbol{R})$ について次を求めよ．

(1)　$f(2)$,　$f(\{2\})$

(2)　$f([0,2])$　　(3)　$f^{-1}(\{4\})$

(4)　$f^{-1}(\{-4\})$　　(5)　$f^{-1}((1,4))$

解答　(1)　$f(2) = 2^2 = 4$. $f(\{2\}) = \{4\}$.

(2)　x が 0 から 2 まで動くとき x^2 は 0 から 4 まで動くので，$f([0,2]) = [0,4]$.

(3)　$x^2 = 4$ を解けばよい．$f^{-1}(\{4\}) = \{-2, 2\}$.

(4)　$x^2 = -4$ を解けばよいが，そのような実数は存在しないので $f^{-1}(\{-4\}) = \emptyset$.

(5)　$1 < x^2 < 4$ を解くと $-2 < x < -1$ もしくは $1 < x < 2$ となるので，
$f^{-1}((1,4)) = (1,2) \cup (-2,-1)$.　◆

問　題

3.2.1　関数 $f(x) = x^2 + x$ $(x \in \boldsymbol{R})$ について次を求めよ．

(1)　$f(1)$　　(2)　$f((-2,0))$

(3)　$f^{-1}(\{1\})$　　(4)　$f^{-1}(\{-1\})$

(5)　$f^{-1}([0,2))$

例題 3.2.2

関数 $\sin x$ $(x \in \boldsymbol{R})$ について $\sin^{-1}(\{1\})$ を求めよ．

解答　$\sin(x) = 1$ となる $x \in \boldsymbol{R}$ をすべて挙げればよいので

$$\sin^{-1}(\{1\}) = \left\{ \frac{\pi}{2} + 2n\pi \,\middle|\, n \in \boldsymbol{Z} \right\}.$$

◆

問　題

3.2.2　関数 $\cos(x)$ $(x \in \boldsymbol{R})$ について $\cos^{-1}\left(\left\{-\frac{1}{2}\right\}\right)$ を求めよ．

例題 3.2.3

2×2 実行列 A で表される 1 次変換によって平面全体を写像する．

(1) 値域はどのような図形になるか．

(2) 平面内の任意の点 P の逆像はどのような図形になるか．

解答 (1) p.80 例題 2.2.5 より，$\mathrm{rank}\,A = 2, 1, 0$ のとき，それぞれ平面全体，原点を通る直線，原点となる．

(2) P の位置ベクトルを $\boldsymbol{w}$ とすると，逆像は $A\boldsymbol{v} = \boldsymbol{w}$ を満たす $\boldsymbol{v}$ を位置ベクトルとする点の集合である．

$\mathrm{rank}\,A = 2$ のとき：A に逆行列 A^{-1} が存在するので

$$\boldsymbol{v} = A^{-1}\boldsymbol{w}$$

となり，逆像は $A^{-1}\boldsymbol{w}$ を位置ベクトルとする 1 点のみとなる．

$\mathrm{rank}\,A = 1$ のとき：p.79 の 2×2 行列の階数の定義より A の 1 次独立な列ベクトルの最大個数が 1 の場合となる．A の列ベクトルを左から順に $\boldsymbol{a}, \boldsymbol{b}$ として，p.80 例題 2.2.5 (2) のように $\boldsymbol{a} \neq \boldsymbol{0}$, $\boldsymbol{b} = c\boldsymbol{a}$ の場合を考える．平面内の点 (x, y) の像は $(x + cy)\boldsymbol{a}$ を位置ベクトルとする点であり，値域は原点を通り $\boldsymbol{a}$ に平行な直線となる．よって $\boldsymbol{a}$ と $\boldsymbol{w}$ が 1 次独立のとき，すなわち $[\![\boldsymbol{a}, \boldsymbol{w}]\!] \neq 0$ のときは，逆像となる点が存在しないので $\emptyset$．$[\![\boldsymbol{a}, \boldsymbol{w}]\!] = 0$ のときは，$\boldsymbol{w} = k\boldsymbol{a}$ と表すことができ

$$(x + cy)\boldsymbol{a} = \boldsymbol{w} = k\boldsymbol{a}$$

を満たす点 (x, y) の集合が逆像となる．すなわち直線 $x + cy = k$ である．$\boldsymbol{b} \neq \boldsymbol{0}$ のときも同様．

$\mathrm{rank}\,A = 0$ のとき：値域は原点のみであるので，点 P が原点でない場合，逆像は $\emptyset$ となる．原点である場合は，平面全体が逆像となる． ◆

問　題

3.2.3 3×3 実行列 A で表される 1 次変換によって空間全体を写像する．

(1) 値域はどのような図形になるか．

(2) 空間内の任意の点 P の逆像はどのような図形になるか．

次に，特別な条件を満たす以下のような写像を考えよう．

全射・単射・全単射

(1)　写像 $f: A \to B$ は一般に $f(A) \subset B$ となるが，特に B が値域すなわち

$$f(A) = B$$

となるとき f は A から B への**全射** (surjection) あるいは**上への写像** (onto map) であるという．すべての $b \in B$ それぞれについて $f(a) = b$ となる $a \in A$ が（1つ以上）存在することが全射であるための必要十分条件である．

(2)　写像 $f: A \to B$ について，A の異なる2つの要素の像が常に異なるとき，すなわち

$$a_1 \neq a_2 \quad \text{ならば} \quad f(a_1) \neq f(a_2)$$

が成り立つとき，f は A から B への**単射** (injection) であるという．

(3)　写像 $f: A \to B$ が全射かつ単射であるとき，f は A から B への**全単射**または**双射**（ともに bijection）であるという．

注意1　写像 $f: A \to B$ について，単射の場合は A から B への**一対一の写像** (one-to-one map)，全単射の場合は A から B の**上への一対一の写像** (onto and one-to-one map) もしくは**一対一対応** (one-to-one correspondence) ということもあるが，用語が紛らわしいので本書では用いない．

注意2　f が単射であることを証明するには，単射の定義の対偶を考えて

$$「f(a_1) = f(a_2) \text{ ならば } a_1 = a_2」$$

を示してもよい．

以下に全射・単射・全単射・全射でも単射でもない場合について，お互いが区別できるような簡単な例を示す．

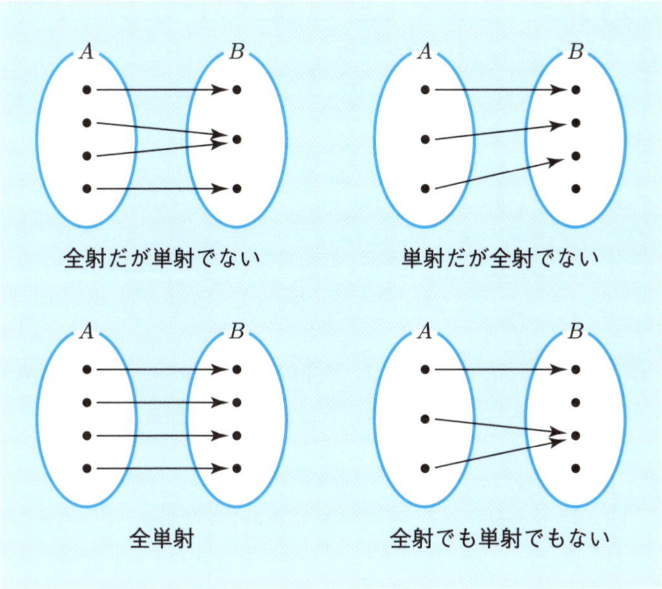

全射・単射・全単射の例

(1)　$f: \boldsymbol{R} \to \boldsymbol{R}$, $f(x) = e^x$ は単調増加なので単射であるが，$e^x > 0$ なので全射でない．$f: \boldsymbol{R} \to (0, \infty)$ とすると全単射になる．

(2)　$f: \boldsymbol{R} \to \boldsymbol{R}$, $f(x) = x^3 - x$ は $f(0) = f(1) = 0$ なので単射ではないが，全射である．

(3)　$f: \boldsymbol{R} \to \boldsymbol{R}$, $f(x) = x^3$ は全単射である．

(4)　$f: \boldsymbol{R} \to \boldsymbol{R}$, $f(x) = \sin x$ は $-1 \leqq \sin x \leqq 1$ なので全射でなく，$\sin n\pi = 0$ $(n \in \boldsymbol{Z})$ なので単射でもない．

$f: \boldsymbol{R} \to [-1, 1]$, $f(x) = \sin x$ は単射ではないが，全射である．

$f: [-\pi/2, \pi/2] \to [-1, 1]$, $f(x) = \sin x$ は全単射である．

(5)　2×2 実行列 A で表される 1 次変換 $f: \boldsymbol{R}^2 \to \boldsymbol{R}^2$, $f(\boldsymbol{v}) = A\boldsymbol{v}$ は A が正則ならば全単射である．

例題 3.2.4

$f: \boldsymbol{R} \to \boldsymbol{R},\ f(x) = x^3$ が単射であることを証明せよ．

解答 $f(x_1) = f(x_2)$ と仮定する．

$$f(x_1) - f(x_2) = x_1^3 - x_2^3 = (x_1 - x_2)(x_1^2 + x_1 x_2 + x_2^2) = 0$$

となり

$$x_1 - x_2 = 0 \ \text{または}\ x_1^2 + x_1 x_2 + x_2^2 = 0$$

となる．前者の場合は $x_1 = x_2$ であり，後者の場合は $\left(x_1 + \dfrac{x_2}{2}\right)^2 + \dfrac{3x_2^2}{4} = 0$ より $x_1 = x_2 = 0$ となるので，いずれの場合でも $x_1 = x_2$ となる． ◆

問　題

3.2.4 次の写像は全射であるか否か，単射であるか否か答えよ．

(1) $f: \boldsymbol{R} \to [0, \infty),\ f(x) = x^2$

(2) $f: [0, \pi] \to [-1, 1],\ f(x) = \cos x$

2 つの写像を組み合わせたり，写像で与えられた対応から逆の対応を考えることも重要である．

合成写像・逆写像

(1) 写像 $f: A \to B$ と $g: B \to C$ を考える．f によって A の要素 a から B の要素 $f(a)$ が定まり，さらに g によって $f(a)$ から C の要素 $g(f(a))$ が定まる．このように f, g を続けて写像することで a から $g(f(a))$ への対応が定まる．このような写像（関数）を f と g との**合成写像** (composite map) あるいは**合成関数** (composite function) といい

$$g \circ f$$

と書く．すなわち

$$g \circ f : A \to C, \quad a \mapsto (g \circ f)(a) = g(f(a))$$

である．なお，f と g の順序に注意すること．

(2) 全単射 $f: A \to B$ が与えられたとき，B の任意の要素 b に対して $f(a) = b$ となる A の要素 a は常に1つだけ存在する．したがって f による対応の逆の対応を考えることができる．この逆の対応によって与えられる写像（関数）を f の**逆写像** (inverse map) あるいは**逆関数** (inverse function) といい，f^{-1} と書く．すなわち $f^{-1}: B \to A$ であり

$$『f(a) = b \iff f^{-1}(b) = a』$$

である．

注意 記号 f^{-1} は逆像を表す記号にも用いられるが，f が全単射のとき各要素の逆像はそれぞれ1つの要素になるので，f^{-1} が写像（逆写像）となる．

合成写像・逆写像の例

(1) $f(x) = e^x$, $g(x) = \sin x$ とすると，$(g \circ f)(x) = g(f(x)) = g(e^x) = \sin(e^x)$, $(f \circ g)(x) = f(g(x)) = f(\sin x) = e^{\sin x}$.

(2) 2×2 実行列 A, B で表される1次変換をそれぞれ $f(\boldsymbol{v}) = A\boldsymbol{v}$, $g(\boldsymbol{v}) = B\boldsymbol{v}$ とすると，$(g \circ f)(\boldsymbol{v}) = BA\boldsymbol{v}$, $(f \circ g)(\boldsymbol{v}) = AB\boldsymbol{v}$.

(3) $f(x) = x^2$ $(x \geqq 0)$ とすると，$f^{-1}(x) = \sqrt{x}$.

(4) $f: \boldsymbol{R} \to (0, \infty)$, $f(x) = \exp(x)$ とすると，$f^{-1}(x) = \log x$.

(5) 正則な 2×2 実行列 A に対し $f: \boldsymbol{R}^2 \to \boldsymbol{R}^2$, $f(\boldsymbol{v}) = A\boldsymbol{v}$ とすると，$f^{-1}(\boldsymbol{v}) = A^{-1}\boldsymbol{v}$.

注意 上の(1), (2)の例から明らかなように一般に $f \circ g \neq g \circ f$ である．

問 題

3.2.5 (1) $f(x) = 1/(1+x)$ $(x > -1)$, $g(x) = 1/x$ $(x > 0)$ に対して $g \circ f$, $f \circ g$ を求めよ．

(2) $f(x) = x^2$ $(x \leqq 0)$ の逆関数を求めよ．

(3) $f(x) = x^2 + 2x - 3$ $(-1 < x)$ の逆関数を求めよ．

例題 3.2.5

3つの写像 $f: A \to B, g: B \to C, h: C \to D$ を考える．このとき

$$(h \circ g) \circ f = h \circ (g \circ f)$$

が成立することを示せ．

解答 $(h \circ g)(b) = h(g(b))$ なので $((h \circ g) \circ f)(a) = (h \circ g)(f(a)) = h(g(f(a)))$．同様に $(h \circ (g \circ f))(a) = h(g(f(a)))$ である．よって $(h \circ g) \circ f = h \circ (g \circ f)$． ◆

注意 このことより，写像の合成は各写像の順序を変えなければどれから合成しても構わないことがわかる．したがって $(h \circ g) \circ f = h \circ g \circ f$ や $(f_1 \circ f_2) \circ (f_3 \circ f_4) = f_1 \circ f_2 \circ f_3 \circ f_4$ などと記して構わない．

例題 3.2.6

(1) 全単射 $f: A \to B$ に対して

$$f^{-1} \circ f = \mathrm{id}_A, \quad f \circ f^{-1} = \mathrm{id}_B$$

を示せ．

(2) 2つの全単射 $f: A \to B, g: B \to A$ を考える．$g \circ f = \mathrm{id}_A$，すなわち任意の $a \in A$ に対し常に $g(f(a)) = a$ なら，$g = f^{-1}$ であることを示せ．

解答 (1) 任意の $a \in A$ に対して $b = f(a)$ とする．このとき f^{-1} の定義より $f^{-1}(b) = a$ となるので，$(f^{-1} \circ f)(a) = f^{-1}(f(a)) = f^{-1}(b) = a$ である．よって $f^{-1} \circ f = \mathrm{id}_A$．また f は全単射なので任意の $b \in B$ に対して $b = f(a)$ となる a が存在し，$f^{-1}(b) = a$ となる．このとき

$$(f \circ f^{-1})(b) = f(f^{-1}(b)) = f(a) = b$$

よって $f \circ f^{-1} = \mathrm{id}_B$．

(2) 背理法で示す．もし $g \neq f^{-1}$ なら $g(b) \neq f^{-1}(b)$ となる $b \in B$ が存在する．このような b を1つ考えると，f は全単射なので $b = f(a)$ となる $a \in A$ がただ1つ存在する．このとき

$$g(f(a)) = g(b) \neq f^{-1}(b) = f^{-1}(f(a)) = a$$

となり，$g(f(a)) = a$ に反する．よって $g = f^{-1}$ である． ◆

問題

3.2.6 2つの全単射 $f: A \to B$, $g: B \to C$ に対して以下を示せ.

(1) 合成写像 $g \circ f$ も全単射である.

(2) $g \circ f$ の逆写像は $f^{-1} \circ g^{-1}$ である.

3.2.7 2つの写像 $f: A \to B$, $g: B \to A$ が $g \circ f = \mathrm{id}_A$ であるとする.

(1) f が単射であり, g が全射であることを示せ.

(2) このとき f, g は必ずしもお互いの逆写像にならないことを示せ.

ヒント 逆写像にならない例を示せばよい.

演習問題

◆**1** 次の集合を要素を並べる形で表せ.

(1) $\{x \mid x \in \boldsymbol{R}, x^2+5x+6=0\}$ (2) $\{x \mid x \in \boldsymbol{N}, x^2+3x-10=0\}$

(3) $\{(x,y) \mid x,y \in \boldsymbol{R}, x^2+y^2=1, x+y=1\}$

(4) $\{x \mid x \in \boldsymbol{R}, x^3=1\}$ (5) $\left\{A \mid A \text{ は } 2\times 2 \text{ 実行列}, A^2=\begin{pmatrix}1&0\\0&0\end{pmatrix}\right\}$

◆**2** 次の式はどこが間違っているか述べよ.

(1) $\{1,2\} \in \boldsymbol{N}$ (2) $\pi \subset \boldsymbol{R}$ (3) $(1,2) \subset \boldsymbol{Z}$ (4) $\{a\} = a$

(5) $\boldsymbol{R} \not\subset \boldsymbol{R}$ (6) $\boldsymbol{Z} \subset \boldsymbol{N}$ (7) $\emptyset \in \boldsymbol{R}$

◆**3** 次の集合の包含関係について述べよ.

(1) $A=\{1,2,3\}$, $B=\{1,2\}$ (2) $A=\{a,b,d\}$, $B=\{d,a,b\}$

(3) $A=\{0,2,4\}$, $B=\{-1,2,4\}$ (4) $\boldsymbol{N}$, $\boldsymbol{Z}$, $\boldsymbol{Q}$, $\boldsymbol{R}$, $\boldsymbol{C}$

◆**4** (1) $A=\{a,b,c\}$ の部分集合をすべて書き出せ.

(2) n 個の要素からなる集合の部分集合は何個あるか答えよ.

◆**5** (1) $6\boldsymbol{Z} \cap 4\boldsymbol{Z} = 12\boldsymbol{Z} = \{12n \mid n \in \boldsymbol{Z}\}$ を示せ.

(2) $6\boldsymbol{Z}+4\boldsymbol{Z} = \{6n+4m \mid n,m \in \boldsymbol{Z}\}$ としたとき $6\boldsymbol{Z}+4\boldsymbol{Z} = 2\boldsymbol{Z} = \{2n \mid n \in \boldsymbol{Z}\}$ を示せ.

◆**6** $A=\{a,b,c,d,e,f\}$, $B=\{b,c,d,g\}$, $C=\{c,d,e,f,g,h\}$ とする. このとき次の集合を求めよ.

(1) $A \cup (B \cap C)$ (2) $(A \cup B) \cap (A \cup C)$

(3) $A \setminus (B \cup C)$ (4) $(A \cap B) \setminus (A \cap C)$

◆**7** 集合 A, B に対して, 次のようになるための条件を求めよ.

(1) $A \cup B = B$ (2) $A \cap B = A$

(3) $A^c \cap B = B$ (4) $A^c \cap B = \emptyset$

◆**8** 次を示せ．

(1) $A \setminus B = (A \cup B) \setminus B = A \setminus (A \cap B)$

(2) $(A \setminus B) \cap C = (A \cap C) \setminus (B \cap C)$

◆**9** $A = \{1, 2, 3\}$ とする．直積集合 A^2 の要素をすべて書き出せ．

◆**10** A, B が空集合でないとする．次を示せ．

$$『A \times B \subset C \times D \iff A \subset C \text{ かつ } B \subset D』$$

◆**11** $A = \{a, b, c\}$, $B = \{0, 1\}$ とする．A から B への写像が何個あるか答えよ．

◆**12** A_1, $A_2 \subset A$ として，写像 $f : A \to B$ を考える．

(1) $f(A_1 \cup A_2) = f(A_1) \cup f(A_2)$ を示せ．

(2) $f(A_1 \cap A_2) \subset f(A_1) \cap f(A_2)$ を示せ．

(3) $f(A_1 \cap A_2) \supset f(A_1) \cap f(A_2)$ が成り立つ例と成り立たない例を挙げよ．

◆**13** $f : \boldsymbol{R} \to \boldsymbol{R}$, $f(x) = \sin x$, $g : \boldsymbol{R} \to \boldsymbol{R}$, $g(x) = x^2 - x$ を考える．このとき合成写像 $f \circ g$, $f \circ f$, $g \circ f$, $g \circ g$ を求めよ．またそれぞれの合成写像の値域を求めよ．

◆**14** $f(x) = x^2 - x - 2$ $(x \in \boldsymbol{R})$ について次を求めよ．

(1) $f([-1, 0])$　(2) $f((-1, 2))$　(3) $f^{-1}([-4, -3])$

(4) $f^{-1}([-3, 3))$　(5) $f^{-1}((2, 4))$

◆**15** 写像 $f : \boldsymbol{R}^2 \to \boldsymbol{R}$, $f(x, y) = x^2 + y^2 - 2x + 4y + 2$ について次を求めよ．

(1) $f(\boldsymbol{R}^2)$　(2) $A = \{(x, y) \mid x, y \in \boldsymbol{R}, x + y = 0\}$ としたときの $f(A)$

(3) $f^{-1}(\{-4\})$　(4) $f^{-1}(\{2\})$

◆**16** 写像 $f(x) = x + \sqrt{x}$ $(x \geqq 0)$ が単射であることを示せ．

◆**17** $f : \boldsymbol{Z}^3 \to \boldsymbol{Z}$, $f(p, q, r) = 3p + 4q + 6r$ が全射であることを示せ．

◆**18** $A = \{a, b, c\}$, $B = \{0, 1\}$ とする．

(1) A から B への写像で全射，単射，全単射な写像がそれぞれいくつあるか答えよ．

(2) A から A への写像で全射，単射，全単射な写像がそれぞれいくつあるか答えよ．

(3) B から A への写像で全射，単射，全単射な写像がそれぞれいくつあるか答えよ．

◆**19** $f(x) = \dfrac{5x - 14}{x - 3}$ として，定義域を $A = [4, 5]$ とする．像 $f(A)$ を求めよ．さらに $f : A \to f(A)$ に対して逆写像を求めよ．

◆**20** $f(x) = \dfrac{e^x - e^{-x}}{2}$ $(x \in \boldsymbol{R})$ の逆関数を求めよ．

第4章

複素数と複素平面

自然数の引き算によって整数が，整数の割り算によって有理数が，という具合に四則演算によって数の体系は順次拡がっていく．さらに，2 次方程式など方程式の根によって実数さらには複素数が登場し，複素数によって数の体系が一応の完成を見る．したがって数学の理論をより美しく統一的に記述するためには複素数は欠かせない数表現である．また，電気回路の複素応答など，理工学のあらゆる分野でたいへん重要な役割を果たす．本章では複素平面やド・モアブルの定理など最初に必要となる基本事項の紹介を行うが，そこからも複素数のもつ美しさや重要性を感じ取ってほしい．

4.1 複　素　数

たとえば有理数全体は四則演算で閉じた数の集合なので，x を任意の有理数とするとき $x^2 - 2x - 1$ も有理数となる．しかし方程式 $x^2 - 2x - 1 = 0$ を考えると，有理数の範囲では根は存在しない．ところが実数を導入すれば，$x = 1 \pm \sqrt{2}$ という無理数によって根を表現できる．

では $x^2 - 2x + 2 = 0$ という方程式の根はどうであろうか．判別式が負となるので実数の根は存在しない．そこでこのような方程式の根も表現できる複素数が自然に定義される．

注意　方程式 $f(x) = 0$ を満たす x のことを方程式の根(こん) (root) あるいは解 (solution) という．

複素数

(1)　$x^2 = -1$ を満たす根の一つを i と書き，**虚数単位** (imaginary unit) と呼ぶ．すなわち i は

$$i^2 = -1$$

を満たす．i を $\sqrt{-1}$ と書くこともある．

(2)　2つの実数 x, y を用いて

$$x + yi$$

と表される数を**複素数** (complex number) という．複素数全体の集合は $\boldsymbol{C}$ という記号で表す．すなわち

$$\boldsymbol{C} = \{x + yi \,|\, x, y \in \boldsymbol{R}\}$$

である．

(3)　複素数 $z = x + yi$ $(x,\ y \in \boldsymbol{R})$ の x を z の**実部** (real part) といい $\mathrm{Re}\, z$ あるいは $\Re z$ で表す．また y を z の**虚部** (imaginary part) といい，$\mathrm{Im}\, z$ あるいは $\Im z$ で表す．

(4)　$\mathrm{Im}\, z = 0$ となる z は**実数** (real number) とみなす．$x + 0i$ $(x \in \boldsymbol{R})$ は単に x と書いて構わない．特に $0 = 0 + 0i$ である．実数と複素数のこの関係より $\boldsymbol{R} \subset \boldsymbol{C}$ となる．

$\mathrm{Im}\, z \neq 0$ である z を**虚数** (imaginary number)，さらに $\mathrm{Re}\, z = 0$, $\mathrm{Im}\, z \neq 0$ となる z を**純虚数** (purely imaginary number) といい，$0 + yi$ は単に yi と書いて構わない．

注意　$x + 1i$ $(x \in \boldsymbol{R})$ は1を省略して $x + i$ と書いてよい．

問　題

4.1.1　複素数全体，実数全体，虚数全体，純虚数全体について，数の集合としての包含関係を述べよ．

2つの複素数が等しいのは次の場合である．

複素数の相等

2つの複素数 z_1, z_2 の実部同士，虚部同士がともに等しいとき，そしてそのときのみ，z_1, z_2 は等しい (equal) とし，$z_1 = z_2$ と書く．すなわち $z_1, z_2 \in \boldsymbol{C}$ に対して

$$z_1 = z_2 \iff \mathrm{Re}\, z_1 = \mathrm{Re}\, z_2 \text{ かつ } \mathrm{Im}\, z_1 = \mathrm{Im}\, z_2$$

である．あるいは，$z_1 = x_1 + y_1 i$, $z_2 = x_2 + y_2 i$ $(x_1, y_1, x_2, y_2 \in \boldsymbol{R})$ と表すと

$$z_1 = z_2 \iff x_1 = x_2 \text{ かつ } y_1 = y_2$$

となる．

注意　複素数同士が等しいという関係は上のように定義するが，複素数の大小関係については（実数に限定しない限り）考えない．

問　題

4.1.2　z_1 と z_2 が等しくない，すなわち $z_1 \neq z_2$ であるのはどのような場合か．

次に複素数の基本演算である和と積を定義する．

複素数の和と積

2つの複素数 $z_1 = x_1 + y_1 i$, $z_2 = x_2 + y_2 i$ $(x_1, y_1, x_2, y_2 \in \boldsymbol{R})$ に対し，次のように複素数の和，積を定義する．

$$\text{和}\quad z_1 + z_2 = (x_1 + x_2) + (y_1 + y_2)i$$

$$\text{積}\quad z_1 z_2 = (x_1 x_2 - y_1 y_2) + (x_1 y_2 + x_2 y_1)i$$

注意　複素数の計算は i を文字とする文字式のように計算し，i^2 が現れればそれを -1 に置き換えればよい．したがって積は以下のように計算できる．

$$\begin{aligned} z_1 z_2 &= (x_1 + y_1 i)(x_2 + y_2 i) = x_1 x_2 + x_1 y_2 i + y_1 x_2 i + y_1 y_2 i^2 \\ &= (x_1 x_2 - y_1 y_2) + (x_1 y_2 + x_2 y_1)i \end{aligned}$$

例題 4.1.1

和と積について以下が成り立つことを示せ．ただし z_1, z_2, z_3, z はすべて複素数とする．

交換法則 $z_1 + z_2 = z_2 + z_1, \quad z_1 z_2 = z_2 z_1$

結合法則 $z_1 + (z_2 + z_3) = (z_1 + z_2) + z_3, \quad z_1(z_2 z_3) = (z_1 z_2) z_3$

分配法則 $z_1(z_2 + z_3) = z_1 z_2 + z_1 z_3, \quad (z_1 + z_2) z_3 = z_1 z_3 + z_2 z_3$

解答　$z_k = x_k + y_k i$ $(x_k, y_k \in \boldsymbol{R})$ とし，代入して確かめればよい．たとえば積の結合法則を証明しよう．

$$
\begin{aligned}
z_1(z_2 z_3) &= (x_1 + y_1 i)\{(x_2 x_3 - y_2 y_3) + (x_2 y_3 + x_3 y_2) i\} \\
&= x_1 x_2 x_3 - x_1 y_2 y_3 - x_2 y_1 y_3 - x_3 y_1 y_2 \\
&\qquad + (x_1 x_2 y_3 + x_1 x_3 y_2 + x_2 x_3 y_1 - y_1 y_2 y_3) i \\
&= \{(x_1 x_2 - y_1 y_2) + (x_1 y_2 + x_2 y_1) i\}(x_3 + y_3 i) \\
&= (z_1 z_2) z_3
\end{aligned}
$$

他の法則も同様．◆

注意　和と積に関する交換・結合法則から，複数の複素数の和や積は順序によらないことがわかる．したがって $z_1 + z_2 + z_3$ や $z_1 z_2 z_3$ など括弧をつけなくても構わず，適当に順序を入れ替えても構わない．また，$z_1^2 z_2 z_1^3 z_2^2 = z_1^5 z_2^3$ など実数と同様の式の整理が可能となる．さらに，$x + yi$ は $x + iy$ と書いても構わない．

問　題

4.1.3　$z_1 = 1 + 2i$, $z_2 = 2 + 3i$ について次の計算を行え．

(1)　$z_1 + z_2$　　(2)　$z_1 z_2$　　(3)　$3z_1$　　(4) z_1^2

4.1.4　任意の複素数 z に対し，$z + 0 = z$, $0z = 0$, $1z = z$ を示せ．

4.1.5　複素数 z_1, z_2 について『$z_1 z_2 = 0 \iff z_1 = 0$ または $z_2 = 0$』を示せ．

複素数の差と商

(1a)　任意の複素数 z に対し $z + z' = 0$ となる複素数 z' が一意的に存在し，それを $-z$ と書く．$z = x + yi$ $(x, y \in \boldsymbol{R})$ とすると

$$-z = -x - yi = (-1)z$$

となる．

(1b) 複素数の差を $z_1 - z_2 = z_1 + (-z_2)$ で定義する．$z_1 = x_1 + y_1 i$, $z_2 = x_2 + y_2 i$ $(x_1, y_1, x_2, y_2 \in \boldsymbol{R})$ とすると

$$z_1 - z_2 = (x_1 - x_2) + (y_1 - y_2)i$$

となる．

(2a) 0 でない複素数 z に対し，$zz' = 1$ となる z' が一意的に存在する．それを $\dfrac{1}{z}$ と書く．$z = x + yi$ $(x, y \in \boldsymbol{R})$ とすると

$$\frac{1}{z} = \frac{x - yi}{x^2 + y^2}$$

となる．

(2b) 複素数の商を

$$\frac{z_1}{z_2} = z_1 \frac{1}{z_2}$$

で定義する．ただし $z_2 \neq 0$ である．$z_1 = x_1 + y_1 i$, $z_2 = x_2 + y_2 i$ $(x_1, y_1, x_2, y_2 \in \boldsymbol{R})$ とすると

$$\frac{z_1}{z_2} = \frac{x_1 x_2 + y_1 y_2}{x_2^2 + y_2^2} + \frac{x_2 y_1 - x_1 y_2}{x_2^2 + y_2^2} i$$

となる．

注意 上記のことより，$(-2) + (-3)i$ は $-2 - 3i$ と書いてよい．

例題 4.1.2

上で述べたことのうち以下について示せ．

(1) 任意の $z = x + yi$ $(x, y \in \boldsymbol{R})$ に対し $z + z' = 0$ となる z' が一意的に存在し次のようになる．

$$z' = -x - yi$$

(2) 任意の 0 でない $z = x + yi$ $(x, y \in \boldsymbol{R})$ に対し $zz' = 1$ となる z' が一意的に存在し次のようになる．

$$z' = \frac{x - yi}{x^2 + y^2}$$

(3)　$z_1 = x_1 + y_1 i,\ z_2 = x_2 + y_2 i \neq 0\ (x_1,\ y_1,\ x_2,\ y_2 \in \boldsymbol{R})$ のとき

$$\frac{z_1}{z_2} = \frac{x_1x_2 + y_1y_2}{x_2^2 + y_2^2} + \frac{x_2y_1 - x_1y_2}{x_2^2 + y_2^2}i$$

となる．

解答　(1)　$z' = x' + y'i\ (x',\ y' \in \boldsymbol{R})$ とする．和の定義より

$$z + z' = (x + x') + (y + y')i$$

となる．これが0なので $x + x' = 0,\ y + y' = 0$ となり，$x',\ y'$ は一意的に $x' = -x$, $y' = -y$ で与えられる．

(2)　$z' = x' + y'i\ (x',\ y' \in \boldsymbol{R})$ とする．$zz' = (xx' - yy') + (xy' + x'y)i = 1$ より $xx' - yy' = 1,\ xy' + x'y = 0$ となる．よって

$$x(xx' - yy') + y(xy' + x'y) = (x^2 + y^2)x' = x,$$

$$y(xx' - yy') - x(xy' + x'y) = -(x^2 + y^2)y' = y$$

となる．$z \neq 0$ より $x^2 + y^2 \neq 0$ なので $x',\ y'$ は一意的にこの式から定まり，$x' = \dfrac{x}{x^2 + y^2},\ y' = -\dfrac{y}{x^2 + y^2}$ となる．

(3)　$z_1 \dfrac{1}{z_2}$ の実部と虚部を直接計算すればよい．

$$z_1 \frac{1}{z_2} = (x_1 + y_1 i)\frac{x_2 - y_2 i}{x_2^2 + y_2^2} = \frac{x_1x_2 + y_1y_2}{x_2^2 + y_2^2} + \frac{x_2y_1 - x_1y_2}{x_2^2 + y_2^2}i$$ ◆

問　題

4.1.6　$z_1 = 1 + 2i,\ z_2 = 2 - 3i$ について次の計算を行え．

(1)　$z_1 - z_2$　　(2)　$\dfrac{1}{z_1}$　　(3)　$\dfrac{z_1}{z_2}$

4.1.7　複素数 $z_1,\ z_2,\ z_3,\ z_4$ に対して次を示せ．

(1)　$z_1 \dfrac{z_2}{z_3} = \dfrac{z_1 z_2}{z_3}$　　(2)　$\dfrac{1}{z_1}\dfrac{1}{z_2} = \dfrac{1}{z_1 z_2}$　$(z_1,\ z_2 \neq 0)$

(3)　$\dfrac{z_1}{z_2}\dfrac{z_3}{z_4} = \dfrac{z_1 z_3}{z_2 z_4}$　$(z_2,\ z_4 \neq 0)$

(4)　$\dfrac{1}{z_1/z_2} = \dfrac{z_2}{z_1}$　$(z_1,\ z_2 \neq 0)$

注意　複素数 $z_1,\ z_2$ の虚部がともに0である，すなわち，$z_1 = x_1 + 0i,\ z_2 = x_2 + 0i$ $(x_1,\ x_2 \in \boldsymbol{R})$ のとき，複素数 $z_1,\ z_2$ の和・差・積・商の四則演算は実数 $x_1,\ x_2$ の四

則演算と一致する．つまり

$$z_1 + z_2 = x_1 + x_2, \quad z_1 - z_2 = x_1 - x_2, \quad z_1 z_2 = x_1 x_2, \quad \frac{z_1}{z_2} = \frac{x_1}{x_2}$$

となる．

実数や複素数などの数の集合について，和・積の演算結果が再びその集合の要素となり，和・積についての交換・結合・分配法則が成り立ち，$-z$ および $1/z$ $(z \neq 0)$ が一意的に存在するとき，その数の集合は体（たい）(field) をなすという．今まで登場してきた数の集合では有理数，実数，複素数がこれにあたる．しかし整数の全体は体でない．詳しいことは省略するが，体については四則演算に関する式操作が同じ形で成り立つ．複素数の式操作が実数と同じ形になることをいくつかの例で確認してみよう．

例題 4.1.3

複素数 z について以下を示せ．

(1) 自然数 n に対して $\overbrace{z + z + \cdots + z}^{n\text{ 個}} = nz$.

(2) 自然数 n に対して $\overbrace{(-z) + (-z) + \cdots + (-z)}^{n\text{ 個}} = -(nz) = (-n)z$.

(3) 自然数 n に対して $z^n = \overbrace{z \cdot z \cdot \cdots \cdot z}^{n\text{ 個}}$ とし，さらに $z \neq 0$ の場合に $z^{-n} = 1/z^n$ とする．また $z \neq 0$ の場合に $z^0 = 1$ とする．このとき整数 n, m に対して $z^n z^m = z^{n+m}$.

解答 (1) 数学的帰納法で証明する．$n = 1$ のときは $z = 1z$ となり，明らか．$n = k$ のときに与式が成立するとする．すると $n = k + 1$ のとき

$$\overbrace{z + z + \cdots + z}^{k+1\text{ 個}} = (\overbrace{z + \cdots + z}^{k\text{ 個}}) + z = kz + 1z = (k+1)z$$

(2) (1) より

$$\overbrace{(-z) + (-z) + \cdots + (-z)}^{n\text{ 個}} = n(-z)$$

となる．$n(-z)+nz=n(-z+z)=0$ より $n(-z)=-(nz)$．また $nz+(-n)z=(n-n)z=0$ より $-(nz)=(-n)z$.

(3)　● $n>0,\ m>0$ のとき：

$$z^n z^m=(\overbrace{z\cdots z}^{n\ 個})(\overbrace{z\cdots z}^{m\ 個})=\overbrace{z\cdot z\cdot\cdots\cdot z}^{n+m\ 個}=z^{n+m}$$

● $m=0$ のとき：

$$z^n z^0=z^n\cdot 1=z^n$$

$n=0$ のときも同様.

● $n<0,\ m<0$ のとき：

$$(z^n z^m)z^{-(n+m)}=\frac{1}{z^{-n}}\frac{1}{z^{-m}}z^{-n}z^{-m}=\left(z^{-n}\frac{1}{z^{-n}}\right)\left(z^{-m}\frac{1}{z^{-m}}\right)=1$$

よって $z^n z^m=1/z^{-(n+m)}=z^{n+m}$.

● $n>0,\ m<0$ のとき：$n+m\geqq 0$ の場合は

$$z^n z^m=(z^{n+m}z^{-m})\frac{1}{z^{-m}}=z^{n+m}\left(z^{-m}\frac{1}{z^{-m}}\right)=z^{n+m}$$

$n+m<0$ の場合は

$$z^n z^m=z^n\left(\frac{1}{z^n}\frac{1}{z^{-n-m}}\right)=\left(z^n\frac{1}{z^n}\right)z^{n+m}=z^{n+m}$$

$n<0,\ m>0$ のときも同様. ◆

この例題のように，四則演算による式操作は実数で成り立てば複素数でも成り立つ．たとえば因数分解 $x^2-y^2=(x-y)(x+y)$ は文字変数が実数でも複素数でも成り立つ．また，式操作が同じ形であるので，複素数の虚部が 0 であるとすれば複素数の計算が実数の計算に自然に帰着する．

$+i$ と $-i$ はどちらも 2 乗すると -1 になり関係が深い数である．任意の複素数 z に対してもこのような関係を持つ数がある．

共役な複素数

2 つの複素数 $x+yi,\ x-yi\ (x,\ y\in\boldsymbol{R})$ は互いに**共役な複素数** (conjugate complex number) あるいは**複素共役** (complex conjugate) であるという．z に対して共役な複素数を $\overline{z}$ あるいは z^* と書く．

例題 4.1.4

複素数 z に対して次を示せ．

(1) $\overline{(\overline{z})} = z$　　(2) $z = 0 \iff \overline{z} = 0$

(3) $z = \overline{z} \iff z$ は実数　　(4) $z = -\overline{z} \iff z$ は 0 か純虚数

(5) $z\overline{z}$ は 0 以上の実数となる

解答 $z = x + yi \ (x, y \in \boldsymbol{R})$ と表す．

(1) $\overline{z} = x + (-y)i$ より $\overline{(\overline{z})} = x - (-yi) = x + yi = z$

(2) $z = x + yi = 0 \iff x = 0$ かつ $y = 0 \iff \overline{z} = x - yi = 0$

(3) $z = \overline{z} \iff x + yi = x - yi \iff y = 0 \iff z$ は実数

(4) $z = -\overline{z} \iff x + yi = -(x - yi) \iff x = 0 \iff z$ は 0 か純虚数

(5) $z\overline{z} = (x + yi)(x - yi) = x^2 + y^2 \geqq 0$ ◆

問　題

4.1.8 複素数 z_1, z_2 に対して次を示せ．

(1) $\overline{z_1 + z_2} = \overline{z_1} + \overline{z_2}$　　(2) $\overline{z_1 - z_2} = \overline{z_1} - \overline{z_2}$

(3) $\overline{z_1 z_2} = \overline{z_1}\,\overline{z_2}$　　(4) $\overline{z_1/z_2} = \overline{z_1}/\overline{z_2}$

4.1.9 $a_0, a_1, \cdots, a_n$ を実数とする．複素数 z が n 次方程式

$$a_0 z^n + a_1 z^{n-1} + \cdots + a_{n-1} z + a_n = 0$$

を満たすとき，$\overline{z}$ もこの方程式を満たすことを示せ．

実数にはその符号を取り去る絶対値という量が存在するが，複素数にも絶対値が定義できる．

複素数の絶対値

複素数 $z = x + yi \ (x, y \in \boldsymbol{R})$ に対し

$$\sqrt{x^2 + y^2}$$

を z の**絶対値** (absolute value, modulus) と呼び，$|z|$ と表す．

問 題

4.1.10 複素数 z に対し次を示せ．

(1) $|z| \geqq 0$ (2) $|z| = 0 \iff z = 0$

(3) z が実数のとき（虚部が 0 のとき）$|z|$ は実数の絶対値と一致する

例題 4.1.5

複素数 z, z_1, z_2 に対して次を示せ．

(1) $|z|^2 = z\overline{z}$ (2) $|z| = |\overline{z}|$ (3) $|z_1 z_2| = |z_1||z_2|$

(4) $z \fallingdotseq 0$ のとき $z^{-1} = \overline{z}/|z|^2$

解答 $z = x + yi$ $(x, y \in \boldsymbol{R})$ とする．

(1) $z\overline{z} = (x+yi)(x-yi) = x^2 + y^2 = |z|^2$

(2) $\overline{z} = x + (-y)i$ より $|\overline{z}| = \sqrt{x^2 + (-y)^2} = |z|$

(3) $|z_1 z_2|^2 = (z_1 z_2)(\overline{z_1 z_2}) = (z_1\overline{z_1})(z_2\overline{z_2}) = |z_1|^2|z_2|^2$

(4) $z\dfrac{\overline{z}}{|z|^2} = \dfrac{z\overline{z}}{|z|^2} = 1$ ◆

問 題

4.1.11 複素数 z_1, z_2 に対して

$$\big||z_1| - |z_2|\big| \leqq |z_1 + z_2| \leqq |z_1| + |z_2|$$

を示せ．

実数の係数 a, b, c $(a \fallingdotseq 0)$ に対し，2 次方程式

$$ax^2 + bx + c = 0$$

の根は判別式 $b^2 - 4ac$ が 0 以上であるとき，そしてそのときのみ実数の根を持ち，根は公式

$$x = \frac{-b \pm \sqrt{b^2 - 4ac}}{2a}$$

で与えられた．$b^2 - 4ac < 0$ の場合は実数の範囲で考えている限り根が存在しないが，根の公式の $\sqrt{b^2 - 4ac}$ は複素数では $\sqrt{-(b^2 - 4ac)}\,i$ となる．し

たがって根を複素数まで拡張して考えると，2 次方程式の根は常に存在することになる．さらに，係数 a, b, c が複素数の場合にも，方程式の根を考えることは意味がある．

本書の範囲を超えるが，もっと一般的な方程式の根について**代数学の基本定理** (fundamental theorem of algebra) と呼ばれる次の定理がある．

代数学の基本定理

複素数を係数に持つ z についての 1 次以上の多項式を $f(z)$ とする．このとき $f(z)=0$ は必ず複素数の根を持つ．

この定理を認めると，さらに次の重要な事実が得られる．

n 次多項式の因数分解

n を自然数とし，$a_0, a_1, \ldots, a_n$ を複素数とする．ただし $a_0 \neq 0$ とする．このとき z についての n 次多項式

$$f(z)=a_0z^n+a_1z^{n-1}+\cdots+a_{n-1}z+a_n$$

は次のように n 個の 1 次式の積に因数分解することができる．

$$f(z)=a_0(z-\alpha_1)(z-\alpha_2)\cdots(z-\alpha_n)$$

$\alpha_1, \alpha_2, \ldots, \alpha_n$ は $a_0, a_1, \ldots, a_n$ から定まる複素数である．

注意　$\alpha_1, \alpha_2, \ldots, \alpha_n$ は $f(z)=0$ の根であるが，等しいものが含まれている場合もある．たとえばちょうど l 個が等しければ，それは ***l* 重根** (multiple root) と呼ばれる．

例題 4.1.6

n を自然数とし，$a_0, a_1, \ldots, a_n$ $(a_0 \neq 0)$ を複素数の係数とする n 次多項式 $f(z)=a_0z^n+a_1z^{n-1}+\cdots+a_{n-1}z+a_n$ を考える．

(1)　次を示せ．

$$z^n-\alpha^n=(z-\alpha)(z^{n-1}+\alpha z^{n-2}+\alpha^2z^{n-3}+\cdots+\alpha^{n-2}z+\alpha^{n-1})$$

(2)　$f(\alpha)=0$ のとき $f(z)=a_0(z-\alpha)g(z)$ という形にできることを示せ．ただし $g(z)$ は $n-1$ 次多項式である．

(3)　代数学の基本定理を認めると，$f(z)$ は適当な $\alpha_1, \alpha_2, \ldots, \alpha_n$ を用いて $a_0(z-\alpha_1)(z-\alpha_2)\cdots(z-\alpha_n)$ の形で因数分解できることを示せ．

(4)　$f(z)=0$ の根は $\alpha_1, \alpha_2, \ldots, \alpha_n$ 以外に存在しないことを示せ．

解答　(1)　与式の右辺を展開すると

$$(z^n-\alpha z^{n-1})+(\alpha z^{n-1}-\alpha^2 z^{n-2})$$
$$+\cdots+(\alpha^{n-2}z^2-\alpha^{n-1}z)+(\alpha^{n-1}z-\alpha^n)=z^n-\alpha^n$$

となる．

(2)　$f(\alpha)=0$ だから

$$f(z)=f(z)-f(\alpha)=\sum_{k=1}^{n}a_{n-k}(z^k-\alpha^k)$$

となる．(1) より $z^k-\alpha^k$ は k によらず $z-\alpha$ を因数に持っている．したがって $f(z)=a_0(z-\alpha)g(z)$ とできる．なお $g(z)$ は $g(z)=z^{n-1}+\cdots$ という形の $n-1$ 次多項式である．

(3)　代数学の基本定理より，$f(z)=0$ は複素数の根を持つのでそれを α_1 とする．すると (2) より

$$f(z)=a_0(z-\alpha_1)f_1(z)\quad（f_1(z) \text{ は } n-1 \text{ 次多項式}）$$

となる．再び代数学の基本定理より $f_1(z)=0$ は複素数の根を持つのでそれを α_2 とすると

$$f_1(z)=(z-\alpha_2)f_2(z)\quad（f_2(z) \text{ は } n-2 \text{ 次多項式}）$$

となり，$f(z)=a_0(z-\alpha_1)(z-\alpha_2)f_2(z)$ と書ける．この過程を繰り返せば最終的に $f(z)$ は z の 1 次式の積の形で因数分解できる．

(4)　β がすべての α_k と異なるとすると，任意の k に対して $\beta-\alpha_k\neq 0$ となる．p.132 問題 4.1.5 より 0 でない複素数の積はやはり 0 でないので

$$f(\beta)=a_0(\beta-\alpha_1)(\beta-\alpha_2)\cdots(\beta-\alpha_n)\neq 0$$

であり，β は根とならない． ◆

問 題

4.1.12 a, b, c を実数の係数とし $a \neq 0$ とする．2 次式 $az^2 + bz + c$ を因数分解せよ．

4.1.13 次の方程式を解け．

(1) $z^2 - 2 = 0$　(2) $z^2 + 2 = 0$　(3) $z^2 - 2z + 2 = 0$

(4) $z^4 - 9 = 0$　(5) $z^4 + 2z^2 + 1 = 0$

n 乗すると 1 になる数，すなわち 1 の n 乗根については次節で詳しく説明するが，1 の 3 乗根は 2 次方程式の根の公式があれば計算できる．

例題 4.1.7

方程式

$$z^3 = 1$$

の虚数の根の 1 つを ω とする．ω を求め，根が $1, \omega, \omega^2$ の 3 つであることを示せ．

解答 p.139 例題 4.1.6 (1) より

$$z^3 - 1 = (z-1)(z^2 + z + 1)$$

となるので，まず 1 は根である．残りの根は $z^2 + z + 1 = 0$ を解けば得られ，根の公式より $z = \dfrac{-1 \pm \sqrt{3}i}{2}$ となる．このうちの片方を ω とすると

$$\left(\frac{-1 \pm \sqrt{3}i}{2}\right)^2 = \frac{-1 \mp \sqrt{3}i}{2}$$

よりもう片方は ω^2 に等しい． ◆

問 題

4.1.14 方程式 $z^3 = 1$ の虚数の根の 1 つを ω とする．0 でない複素数 a に対して方程式 $z^3 = a^3$ の根を a, ω を用いて表せ．

4.1.15 方程式 $z^3 = 1$ の虚数の根の 1 つを ω とする．次の式を $a\omega + b$ ($a, b \in \boldsymbol{R}$) の形で表せ．

(1) $\omega^{100} + \omega^{50}$　(2) ω^{-8}　(3) $\dfrac{1 + \omega^5}{1 + \omega}$

4.2　複素平面と極形式

複素数は実部と虚部の 2 つの実数で指定できる．この 2 つの実数をそれぞれ座標平面の座標とみなすことにより，複素数を平面内の点と対応づけることができる．この節では，このような複素数の幾何的表現について説明する．

複素平面

直交座標で表された平面内の点 (x, y) と複素数 $x + yi$ を対応づければ，平面内の点全体から複素数全体へ全単射の対応が得られる．そこで，平面内の点 (x, y) を $x + yi$ と同一視するとき，この平面を**複素平面** (complex plane)，あるいは**複素数平面** (complex number plane)，**ガウス平面** (Gaussian plane) という．また複素平面では x 軸を**実軸** (real axis)，y 軸を**虚軸** (imaginary axis) という．

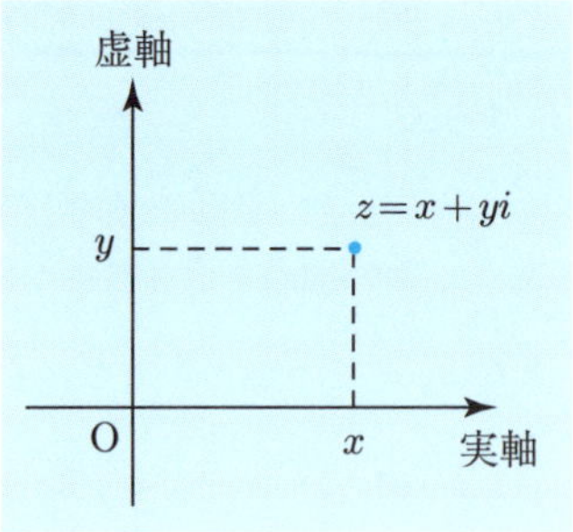

問　題

4.2.1　(1)　複素平面において，実数および純虚数を表す点はそれぞれどこに存在するか．

(2)　z と $\bar{z}$ が表す点はどのような位置関係にあるか．

例題 4.2.1

原点（$z = 0$ の点）を O とする複素平面を考える．

(1)　複素数 z が表す点を P とする．このとき kz $(k \in \boldsymbol{R})$ が表す点の

位置ベクトルを $\overrightarrow{\mathrm{OP}}$ で表せ．

(2)　複素数 z_1, z_2 が表す点を Q, R とする．このとき z_1+z_2 が表す点の位置ベクトルを $\overrightarrow{\mathrm{OQ}}, \overrightarrow{\mathrm{OR}}$ で表せ．

解答　(1)　$z = x + yi$ $(x, y \in \boldsymbol{R})$ とすると $kz = kx + kyi$ となる．これが表す点の位置ベクトルは $k\overrightarrow{\mathrm{OP}}$.

(2)　$z_1 = x_1 + y_1 i$, $z_2 = x_2 + y_2 i$ $(x_1, y_1, x_2, y_2 \in \boldsymbol{R})$ とすると

$$z_1 + z_2 = (x_1 + x_2) + (y_1 + y_2)i$$

となる．これが表す点の位置ベクトルは $\overrightarrow{\mathrm{OQ}} + \overrightarrow{\mathrm{OR}}$. ◆

注意　この例題より，複素数の実数倍と和は，複素平面における点の位置ベクトルのスカラー倍と和に対応することがわかる．

問　題

4.2.2　原点を O とする複素平面を考える．

(1)　複素数 z が表す点を P とする．このとき線分 OP の長さを z で表せ．

(2)　複素数 z_1, z_2 に対して，z_1 が表す点を Q，$z_1 + z_2$ が表す点を R とする．このとき p.138 問題 4.1.11 が表す不等式は，三角形 OQR に対するどのような条件を表しているか．

例題 4.2.2

複素平面において，複素数 z_1, z_2 の表す点をそれぞれ $\mathrm{A}_1, \mathrm{A}_2$ とする．線分 $\mathrm{A}_1\mathrm{A}_2$ を $m:n$ に内分する点 B が表す複素数 z を求めよ．

解答　$z_1 = x_1 + y_1 i$, $z_2 = x_2 + y_2 i$ $(x_1, y_1, x_2, y_2 \in \boldsymbol{R})$ とする．直交座標で $\mathrm{A}_1(x_1, y_1)$, $\mathrm{A}_2(x_2, y_2)$ を $m:n$ に内分する点は $\left(\dfrac{nx_1 + mx_2}{m+n}, \dfrac{ny_1 + my_2}{m+n}\right)$ であるので，対応する複素平面内の点は

$$z = \frac{nx_1 + mx_2}{m+n} + \frac{ny_1 + my_2}{m+n} i = \frac{nz_1 + mz_2}{m+n}$$

となる． ◆

問 題

4.2.3 複素平面において，複素数 z_1, z_2, z_3 の表す点を A_1, A_2, A_3 とする．三角形 $A_1A_2A_3$ の重心 G が表す複素数を求めよ．

平面内の点を表す座標形式は直交座標以外にもいろいろある．複素平面でも複素数を表す別の形式として極形式が存在する．極形式は座標平面における極座標とたいへん関連が深い．そこでまず極座標について説明する．

平面の極座標

平面内の点 P に対して，原点 O からの距離を r，OP が x 軸に対して左回りになす角を θ とする．この r と θ を指定すれば点の位置が定まるので座標として用いることができ，r, θ の組 (r, θ) を平面の**極座標** (polar coordinates) という．ただし，$r = 0$ のとき θ は定まらない．

P の座標が直交座標で (x, y) であるとすると，直交座標と極座標の関係は

$$x = r\cos\theta, \quad y = r\sin\theta \qquad (r \geqq 0)$$

で与えられる．

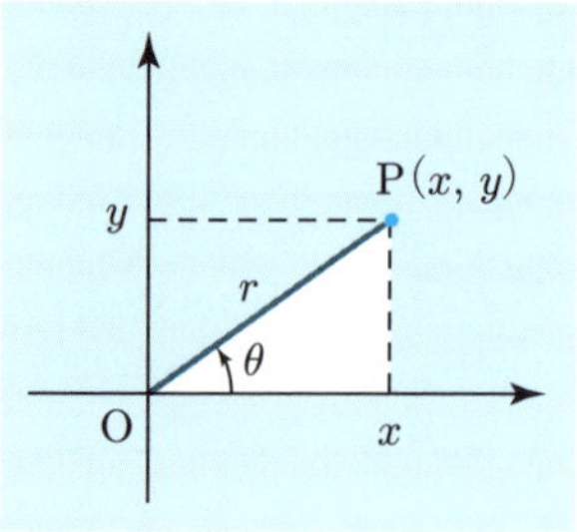

注意　点の位置を極座標で表すとき，角 θ については 2π の整数倍の不定性があるので，この不定性を除くため $0 \leqq \theta < 2\pi$ あるいは $-\pi < \theta \leqq \pi$ など範囲を限定すれば一意的に定まる．本書では煩雑さを避けるため，例題や問・演習問題の解答ではこの不定性の部分を省略し，主に $0 \leqq \theta < 2\pi$ の範囲での数値を与える．たとえば解答の数値が $\pi/4$ なら実際は $\pi/4 + 2n\pi$ $(n \in \boldsymbol{Z})$ であると適宜補ってほしい．

問 題

4.2.4 直交座標で表された次の点を極座標で表せ.

(1) $(1, 0)$ (2) $(0, -1)$ (3) $(-1, 1)$ (4) $(1, -\sqrt{3})$

4.2.5 極座標で表された次の点を直交座標で表せ.

(1) $(1, 0)$ (2) $(3, \pi)$ (3) $\left(4, \dfrac{3\pi}{4}\right)$ (4) $\left(2, \dfrac{5\pi}{3}\right)$

4.2.6 直交座標で表された次の領域を極座標の領域で表せ.

(1) $0 \leqq y$ (2) $0 \leqq x$ (3) $0 < x$ かつ $y < 0$

4.2.7 極座標で表された次の領域を平面内に図示せよ.

(1) $1 < r < 2$

(2) $0 < r$ かつ $\dfrac{\pi}{4} < \theta < \dfrac{\pi}{2}$

(3) $1 < r \leqq 4$ かつ $\dfrac{3\pi}{4} < \theta < \dfrac{4\pi}{3}$

直交座標 (x, y) を複素数 $x + yi$ と同一視することによって複素平面が得られたが，極座標による表現を複素数に反映したものが極形式である.

極形式

複素数 $z = x + yi$ $(x,\ y \in \boldsymbol{R})$ に対し，$x = r\cos\theta,\ y = r\sin\theta$ となる $r\ (\geqq 0), \theta$ を用いて

$$z = r(\cos\theta + i\sin\theta)$$

と書ける．この表し方を複素数 z の**極形式** (polar form) という．r は z の絶対値 $|z|$ に等しく**動径** (radius) という．また θ を z の**偏角** (argument) といい

$$\theta = \arg z$$

と書く．ただし，$z = 0$ に対しては偏角は定まらない.

注意　極座標の角と同様に，偏角も 2π の整数倍の不定性がある．本書では煩雑さを避けるため，主に $0 \leqq \theta < 2\pi$ の範囲での数値を与える.

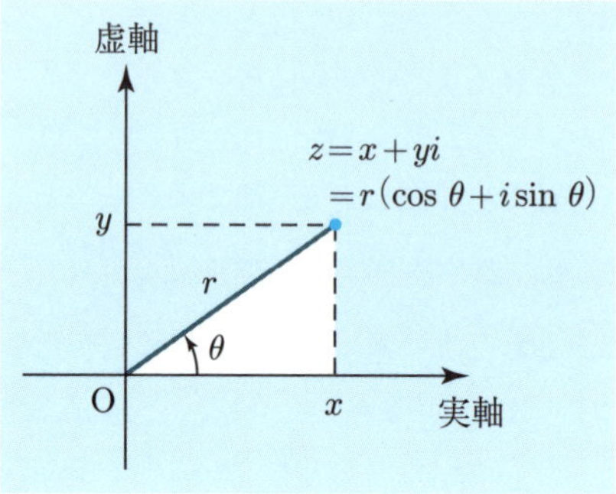

問　題

4.2.8　極形式で表された次の複素数の実部と虚部を答えよ．

(1)　$3(\cos\pi + i\sin\pi)$　　(2)　$4\left(\cos\dfrac{3\pi}{2} + i\sin\dfrac{3\pi}{2}\right)$

(3)　$5\left(\cos\dfrac{4\pi}{3} + i\sin\dfrac{4\pi}{3}\right)$

例題 4.2.3

次の複素数を極形式で表せ．

(1)　$1+i$　　(2)　$1-\sqrt{3}i$　　(3)　実数 a

解答　$x+yi$ を極形式で表すにはまず $r=\sqrt{x^2+y^2}$ で r を求め，$\cos\theta = x/r$, $\sin\theta = y/r$ を満たす θ を求めればよい．

(1)　$1+i = \sqrt{2}\left(\dfrac{1}{\sqrt{2}} + \dfrac{1}{\sqrt{2}}i\right) = \sqrt{2}\left(\cos\dfrac{\pi}{4} + i\sin\dfrac{\pi}{4}\right)$

(2)　$1-\sqrt{3}i = 2\left(\dfrac{1}{2} - \dfrac{\sqrt{3}}{2}i\right) = 2\left(\cos\dfrac{5\pi}{3} + i\sin\dfrac{5\pi}{3}\right)$

(3)　$a>0$ のとき $a = a(\cos 0 + i\sin 0)$，$a<0$ のとき $a = |a|(\cos\pi + i\sin\pi)$，$a=0$ のとき $a=0$（$r=0$，偏角は定まらない） ◆

問　題

4.2.9　次の複素数を極形式で表せ．

(1)　-2　　(2)　$3i$　　(3)　$2-2i$　　(4)　ai $(a \in \boldsymbol{R})$

4.2.10 次の方程式を満たす複素数 z が表す図形を複素平面に描け.

(1) $|z| = 1$ (2) $\arg z = \pi/4$

4.2.11 極形式により $z = r(\cos\theta + i\sin\theta)$ とする. $r \neq 0$ のとき, $\dfrac{1}{z} = \dfrac{1}{r}(\cos\theta - i\sin\theta) = \dfrac{1}{r}\{\cos(-\theta) + i\sin(-\theta)\}$ となることを示せ.

動径と偏角で複素数を表す極形式には美しい数学が隠されている. そこに登場する重要な公式が以下に述べるオイラーの公式である. 本書の範囲を超えるのでこの公式の導出は行わないが, 以降で説明する極形式に関する公式をオイラーの公式によって書き換えたものも併記する. これによって極形式に隠された数学的仕組みや美しさがなおいっそう理解できるであろう.

オイラーの公式

オイラーの公式 (Euler's formula) とは指数関数と三角関数を結びつける以下の公式である.

$$e^{i\theta} = \cos\theta + i\sin\theta \qquad (\theta \in \boldsymbol{R})$$

注意 任意の実数 x に対して指数関数と三角関数は以下の級数で与えることができる.

$$\begin{aligned} e^x &= 1 + x + \frac{x^2}{2!} + \frac{x^3}{3!} + \frac{x^4}{4!} + \frac{x^5}{5!} + \frac{x^6}{6!} + \frac{x^7}{7!} + \cdots \\ \cos x &= 1 - \frac{x^2}{2!} + \frac{x^4}{4!} - \frac{x^6}{6!} + \cdots \\ \sin x &= x - \frac{x^3}{3!} + \frac{x^5}{5!} - \frac{x^7}{7!} + \cdots \end{aligned}$$

e^x の x を $i\theta$ ($\theta \in \boldsymbol{R}$) で置き換えてみよう. 実部と虚部に分けると

$$\begin{aligned} e^{i\theta} &= 1 + i\theta + \frac{(i\theta)^2}{2!} + \frac{(i\theta)^3}{3!} + \frac{(i\theta)^4}{4!} + \frac{(i\theta)^5}{5!} + \frac{(i\theta)^6}{6!} + \frac{(i\theta)^7}{7!} + \cdots \\ &= \left(1 - \frac{\theta^2}{2!} + \frac{\theta^4}{4!} - \frac{\theta^6}{6!} + \cdots\right) + i\left(\theta - \frac{\theta^3}{3!} + \frac{\theta^5}{5!} - \frac{\theta^7}{7!} + \cdots\right) \\ &= \cos\theta + i\sin\theta \end{aligned}$$

となり, 形式的にオイラーの公式を得ることができる.

2つの複素数の積と商を極形式で表現すると，偏角に対する法則が理解できる．

極形式と積・商

2つの複素数 z_1, z_2 の極形式 $z_1 = r_1(\cos\theta_1 + i\sin\theta_1)$, $z_2 = r_2(\cos\theta_2 + i\sin\theta_2)$ に対して積と商の結果は次式のようになる．

積 $z_1 z_2 = r_1 r_2\{\cos(\theta_1 + \theta_2) + i\sin(\theta_1 + \theta_2)\}$

商 $z_2 \fallingdotseq 0$ $(r_2 \fallingdotseq 0)$ のとき $\dfrac{z_1}{z_2} = \dfrac{r_1}{r_2}\{\cos(\theta_1 - \theta_2) + i\sin(\theta_1 - \theta_2)\}$

上の等式をオイラーの公式によって書き換えると以下の結果となる．

$z_1 = r_1 e^{i\theta_1}$, $z_2 = r_2 e^{i\theta_2}$ とするとき

$$z_1 z_2 = r_1 r_2 e^{i(\theta_1+\theta_2)}, \quad z_2 \fallingdotseq 0\ (r_2 \fallingdotseq 0) \text{ のとき } \frac{z_1}{z_2} = \frac{r_1}{r_2} e^{i(\theta_1-\theta_2)}$$

偏角の部分は実数 x, y に対する指数法則 $e^x e^y = e^{x+y}$, $e^x e^{-y} = e^{x-y}$ と同じ形をしている．

例題 4.2.4

上の積と商の等式を示せ．

解答 三角関数の加法定理を用いる．

$$\begin{aligned} z_1 z_2 &= r_1 r_2(\cos\theta_1\cos\theta_2 - \sin\theta_1\sin\theta_2) + i r_1 r_2(\cos\theta_1\sin\theta_2 + \sin\theta_1\cos\theta_2) \\ &= r_1 r_2\cos(\theta_1 + \theta_2) + i r_1 r_2\sin(\theta_1 + \theta_2) \end{aligned}$$

商の場合は p.147 問題 4.2.11 の結果より次式が得られる．

$$\begin{aligned} \frac{z_1}{z_2} &= r_1(\cos\theta_1 + i\sin\theta_1)\frac{1}{r_2}(\cos\theta_2 - i\sin\theta_2) \\ &= \frac{r_1}{r_2}\{(\cos\theta_1\cos\theta_2 + \sin\theta_1\sin\theta_2) + i(\sin\theta_1\cos\theta_2 - \cos\theta_1\sin\theta_2)\} \\ &= \frac{r_1}{r_2}\{\cos(\theta_1 - \theta_2) + i\sin(\theta_1 - \theta_2)\} \end{aligned}$$ ◆

注意 この例題より

$$\arg(z_1 z_2) = \arg z_1 + \arg z_2, \quad \arg\left(\frac{z_1}{z_2}\right) = \arg z_1 - \arg z_2$$

が成り立つこともわかる．

問　題

4.2.12 $z = \dfrac{1+i}{\sqrt{3}+i}$ とする．

(1)　z の実部と虚部を求めよ．

(2)　z を極形式で表せ．

(3)　(1) と (2) を使って，$\sin\dfrac{\pi}{12}$, $\cos\dfrac{\pi}{12}$ を求めよ．

4.2.13 複素数 z が $|z| = 1$ を満たしながら動くとき，$w = (1+z)^2$ で定まる複素数 w について考える．また $\theta = \arg z$ とおく．

(1)　$|w|$ を θ によって表せ．

(2)　$\arg w = \theta$ を示せ．

(3)　w の軌跡を複素平面内に描け．

複素数 z に対してそのまま z^n を計算するのはたいへんだが，z を極形式で表し，以下の公式を用いれば容易に計算できる．

ド・モアブルの公式

整数 n に対して，以下の**ド・モアブルの公式** (de Moivre's formula) が成り立つ．

$$(\cos\theta + i\sin\theta)^n = \cos(n\theta) + i\sin(n\theta)$$

上の公式をオイラーの公式によって書き換えると以下の結果となる．

$$(e^{i\theta})^n = e^{in\theta}$$

これは実数 x に対する指数法則 $(e^x)^n = e^{nx}$ と同じ形をしている．

例題 4.2.5

ド・モアブルの公式を証明せよ．

解答　$n = 0$ の場合は明らか．

$n > 0$ の場合を数学的帰納法で証明する．まず $n = 1$ のときは明らか．$n = k$ のときに $(\cos\theta + i\sin\theta)^k = \cos(k\theta) + i\sin(k\theta)$ が成り立つとする．このとき

$$
\begin{aligned}
&(\cos\theta + i\sin\theta)^{k+1} \\
&= (\cos\theta + i\sin\theta)(\cos\theta + i\sin\theta)^k \\
&= (\cos\theta + i\sin\theta)(\cos(k\theta) + i\sin(k\theta)) \\
&= \cos\theta\cos(k\theta) - \sin\theta\sin(k\theta) + i(\cos\theta\sin(k\theta) + \sin\theta\cos(k\theta)) \\
&= \cos\{(k+1)\theta\} + i\sin\{(k+1)\theta\}
\end{aligned}
$$

となり，$n = k+1$ の場合にも成り立つので帰納法が成立する．

$n < 0$ の場合は，$m = -n$ として

$$(\cos\theta + i\sin\theta)^{-m} = \cos(-m\theta) + i\sin(-m\theta)$$

を示せばよい．

$$
\begin{aligned}
(\cos\theta + i\sin\theta)^{-1} &= \frac{1}{\cos\theta + i\sin\theta} \\
&= \cos\theta - i\sin\theta \\
&= \cos(-\theta) + i\sin(-\theta)
\end{aligned}
$$

より以下が得られる．

$$
\begin{aligned}
(\cos\theta + i\sin\theta)^{-m} &= \{\cos(-\theta) + i\sin(-\theta)\}^m \\
&= \cos(-m\theta) + i\sin(-m\theta)
\end{aligned}
$$

◆

例題 4.2.6

次を計算せよ．

(1) $\left(\dfrac{1+\sqrt{3}\,i}{2}\right)^{10}$　　(2) $(1+i)^{-20}$

解答 (1) 与式 $= \left(\cos\dfrac{\pi}{3} + i\sin\dfrac{\pi}{3}\right)^{10} = \cos\dfrac{10\pi}{3} + i\sin\dfrac{10\pi}{3}$

$$= \cos\frac{4\pi}{3} + i\sin\frac{4\pi}{3} = -\frac{1}{2} - \frac{\sqrt{3}}{2}i$$

(2) 与式 $= \left\{\sqrt{2}\left(\cos\dfrac{\pi}{4} + i\sin\dfrac{\pi}{4}\right)\right\}^{-20}$

$$= (\sqrt{2})^{-20}\{\cos(-5\pi) + i\sin(-5\pi)\} = -\frac{1}{1024}$$

◆

問 題

4.2.14 次を計算せよ．

(1) $\left(\dfrac{1}{\sqrt{2}}+\dfrac{i}{\sqrt{2}}\right)^{20}$ (2) $\left(\dfrac{1}{\sqrt{2}}+\dfrac{i}{\sqrt{2}}\right)^{-15}$

(3) $(1-\sqrt{3}\,i)^{10}$ (4) $(\sqrt{3}+i)^{-7}$

ド・モアブルの公式により z の n 乗を計算した．逆に，z の n 乗根も計算することが可能である．まず 1 の n 乗根を計算しよう．

1 の n 乗根

自然数 n に対し，方程式 $z^n=1$ を満たす根を **1 の n 乗根** (n-th root) という．その根は

$$\omega=\cos\frac{2\pi}{n}+i\sin\frac{2\pi}{n}$$

として，$1, \omega, \omega^2, \ldots, \omega^{n-1}$ の n 個あり，すべて互いに異なる．またこれより

$$z^n-1=(z-1)(z-\omega)(z-\omega^2)\cdots(z-\omega^{n-1})$$

と因数分解できることがわかる．なお，ω のことを **1 の原始 n 乗根** (primitive n-th root) という．

上の根をオイラーの公式を用いて表すと，$e^{i2k\pi/n}$ $(k=0,1,\ldots,n-1)$ となる．

例題 4.2.7

上を証明せよ．

解答 $1, \omega, \omega^2, \ldots, \omega^{n-1}$ はどれも $0\leqq k\leqq n-1$ の範囲の整数 k を用いて ω^k と表すことができる．ド・モアブルの公式を用いると

$$\omega^k=\cos\frac{2k\pi}{n}+i\sin\frac{2k\pi}{n}$$

となる．再びド・モアブルの公式より

$$\left(\cos\frac{2k\pi}{n}+i\sin\frac{2k\pi}{n}\right)^n=\cos(2k\pi)+i\sin(2k\pi)=1$$

となるので，確かに ω^k は 1 の n 乗根である．また，すべての k に対して $|\omega^k| = 1$ なので，これらの根は複素平面内の原点を中心とする半径 1 の円周上に等間隔に分布している．たとえば $n = 6$ の場合の根の分布を下図に示す．これらの根は互いに x 座標か y 座標の少なくとも片方が異なっているので，複素数として互いに異なっている．p.140 例題 4.1.6 (4) より n 次方程式の異なる根はせいぜい n 個なのでこれら以外に根は存在しない．また因数分解の形もこれから定まる．

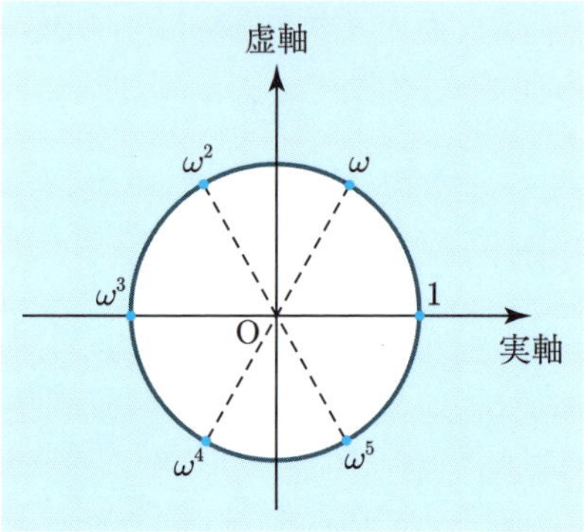

◆

問　題

4.2.15 上の方法で $z^3 = 1$ の根をすべて求め，それが p.141 例題 4.1.7 の根と一致することを示せ．

例題 4.2.8

m を $1 \leqq m \leqq 6$ の範囲の自然数とし

$$\omega = \cos\frac{2m\pi}{6} + i\sin\frac{2m\pi}{6}$$

とする．$z^6 - 1 = (z-1)(z-\omega)(z-\omega^2)\cdots(z-\omega^5)$ となるような m を求めよ．

解答　$k = 0, 1, \ldots, 5$ に対し

$$(\omega^k)^6 = \cos(2mk\pi) + i\sin(2mk\pi) = 1$$

となるので，どの m のときでも $1, \omega, \omega^2, \ldots, \omega^5$ はすべて根となる．しかし，これらの根に等しいものが含まれていると $z^6 - 1$ の因数分解として正しくない．すべてが異なるのは $m = 1$ および 5 の場合であり，この 2 つが求める m の値である．◆

問題

4.2.16 自然数 n, m に対し, $\omega = \cos\dfrac{2m\pi}{n} + i\sin\dfrac{2m\pi}{n}$ とする.
$$z^n - 1 = (z-1)(z-\omega)(z-\omega^2)\cdots(z-\omega^{n-1})$$
が成り立つための n, m の条件を求めよ.

例題 4.2.9

n を自然数, a を正の実数とするとき, $z^n = a$ の根は
$$\omega = \cos\dfrac{2\pi}{n} + i\sin\dfrac{2\pi}{n}$$
として, $\sqrt[n]{a}, \sqrt[n]{a}\,\omega, \sqrt[n]{a}\,\omega^2, \ldots, \sqrt[n]{a}\,\omega^{n-1}$ であることを示せ.

解答 k を $0 \leqq k \leqq n-1$ の範囲の整数とするとき, $\sqrt[n]{a}\,\omega^k$ の n 乗は
$$(\sqrt[n]{a}\,\omega^k)^n = a\{\cos(2k\pi) + i\sin(2k\pi)\} = a$$
となるので $\sqrt[n]{a}\,\omega^k$ はすべて根である. さらに 0 でない複素数 p に対して, $z_1 \neq z_2$ のときは $pz_1 \neq pz_2$ となる. よって ω^k がすべて互いに異なるので, $\sqrt[n]{a}\,\omega^k$ もすべて互いに異なる. n 次方程式の互いに異なる根はせいぜい n 個であるので題意が示せた. ◆

問題

4.2.17 $z^8 = 256$ の根をすべて求めよ.

例題 4.2.10

極形式で表した複素数 $\alpha = r(\cos\theta + i\sin\theta)$ を考える. ただし $\alpha \neq 0$ すなわち $r \neq 0$ とする. このとき $z^n = \alpha$ ($n \in \mathbf{N}$) の根は
$$\xi = \sqrt[n]{r}\left(\cos\dfrac{\theta}{n} + i\sin\dfrac{\theta}{n}\right), \quad \omega = \cos\dfrac{2\pi}{n} + i\sin\dfrac{2\pi}{n}$$
として, $\xi, \xi\omega, \xi\omega^2, \ldots, \xi\omega^{n-1}$ であることを示せ.

解答 $\xi^n = r(\cos\theta + i\sin\theta), \omega^n = 1$ となるので, $\xi, \xi\omega, \xi\omega^2, \ldots, \xi\omega^{n-1}$ はすべて $z^n = \alpha$ を満たす根である. また, $1, \omega, \omega^2, \ldots, \omega^{n-1}$ は互いに異なり, $\xi \neq 0$ なので $\xi, \xi\omega, \xi\omega^2, \ldots, \xi\omega^{n-1}$ は互いに異なる n 個の根である. よって題意が示せた. ◆

例題 4.2.11

$z^3 = i$ の根をすべて求めよ．

解答　$i = \cos\dfrac{\pi}{2} + i\sin\dfrac{\pi}{2}$ なので p.153 例題 4.2.10 の表現を用いて

$$\xi = \cos\frac{\pi}{6} + i\sin\frac{\pi}{6}, \quad \omega = \cos\frac{2\pi}{3} + i\sin\frac{2\pi}{3}$$

となる．よって根は

$$\xi = \frac{\sqrt{3}}{2} + \frac{1}{2}i, \quad \xi\omega = -\frac{\sqrt{3}}{2} + \frac{1}{2}i, \quad \xi\omega^2 = -i$$

の3つ．◆

問　題

4.2.18　$z^3 = 1 + i$ の根をすべて求めよ．ただし $\cos\dfrac{\pi}{12} = \dfrac{\sqrt{6}+\sqrt{2}}{4}$，$\sin\dfrac{\pi}{12} = \dfrac{\sqrt{6}-\sqrt{2}}{4}$ である．

演習問題

◆**1**　次を計算せよ．

(1)　$(2+i)(2-3i)+(1+i)$　　(2)　$\dfrac{(3-4i)(1-i)}{4+i}$　　(3)　$\mathrm{Re}\,\dfrac{1+i}{1-i}$

(4)　$\mathrm{Im}\,\dfrac{2+3i}{3-2i}$　　(5)　$\left|\dfrac{2-i}{2+2i}\right|$

◆**2**　複素数 α, β に対して

$$\mathrm{Re}(\alpha+\beta) = \mathrm{Re}\,\alpha + \mathrm{Re}\,\beta, \quad \mathrm{Im}(\alpha+\beta) = \mathrm{Im}\,\alpha + \mathrm{Im}\,\beta$$

を示せ．

◆**3**　0でない複素数 α, β が $|\alpha+\overline{\beta}| = |\alpha-\overline{\beta}|$ を満たすとき，$\alpha\beta$ は純虚数であることを示せ．

◆**4**　複素数 z が $z^2+z+1=0$ を満たすとき，次の値を求めよ．

(1)　$(z+\overline{z})^2+(z+\overline{z})$　　(2)　$z^{11}+\overline{z}^8+z^4+\overline{z}+4$

(3)　$\dfrac{(1+z)^8+(1+\overline{z})^7+1}{z^8+(\overline{z})^2}$

◆**5** 複素数 z が $z^4+z^3+z^2+z+1=0$ を満たすとき，次の値を求めよ．

(1) z^5 (2) $|z|$ (3) $|z-1|^2+|z+1|^2$ (4) $\mathrm{Im}\left(\dfrac{z^2-z^4}{z-1}\right)$

◆**6** $a_0, a_1, \ldots, a_n$ を実数とし，$a_0 \neq 0$ とするとき，n 次多項式 $f(z)=a_0z^n+a_1z^{n-1}+\cdots+a_{n-1}z+a_n$ を考える．このとき，適当な整数 k および虚数 $\alpha_1, \alpha_2, \ldots, \alpha_k$，実数 $r_1, r_2, \ldots, r_{n-2k}$ を用いて $f(z)$ は次のように因数分解できることを示せ．

$$f(z)=a_0(z-\alpha_1)(z-\overline{\alpha_1})\cdots(z-\alpha_k)(z-\overline{\alpha_k})(z-r_1)\cdots(z-r_{n-2k})$$

◆**7** (1) 写像 $z \mapsto iz$ は複素平面において原点まわりの角 $\pi/2$ の回転となることを示せ．

(2) $\alpha=r(\cos\theta+i\sin\theta)$ とする．$z\mapsto \alpha z$ が r 倍の相似変換と原点まわりの角 θ の回転の合成となることを示せ．

◆**8** 複素数 $z=x+yi$ $(x, y\in \boldsymbol{R})$ を行列に対応させる写像 $f(z)=\begin{pmatrix} x & -y \\ y & x \end{pmatrix}$ を考える．次を示せ．

(1) $f(z_1\pm z_2)=f(z_1)\pm f(z_2)$

(2) $f(z_1z_2)=f(z_1)f(z_2)=f(z_2)f(z_1)$

(3) $z_2\neq 0$ なら $f\left(\frac{z_1}{z_2}\right)=f(z_1)f(z_2)^{-1}$

(4) $f(\overline{z})={}^tf(z)$

(5) $f(\overline{z_1z_2})={}^tf(z_1)\,{}^tf(z_2)$

◆**9** 複素平面内の異なる 3 点 α, β, γ が一直線上にあるための必要十分条件は

$$\mathrm{Im}\,\frac{\alpha-\beta}{\alpha-\gamma}=0$$

であることを示せ．

◆**10** 0 でない複素数 α, β を考える．

(1) $\alpha=i\beta$ を満たすとき，複素平面内で $0, \alpha, \beta$ がなす三角形はどのような種類か答えよ．

(2) $\alpha^2-\alpha\beta+\beta^2=0$ を満たすとき，複素平面内で $0, \alpha, \beta$ がなす三角形はどのような種類か答えよ．

◆**11** 次の複素数を極形式で表せ．

(1) $1+i$ (2) $-3+3\sqrt{3}\,i$ (3) $-i$

(4) -5 (5) $\dfrac{2+2i}{2-2i}$

◆**12**　次の複素数を $x+yi$ $(x,\, y \in \boldsymbol{R})$ の形にせよ．

(1)　$3e^{i\pi/4}$　　(2)　$e^{-i\pi/3}$　　(3)　$2e^{-7i\pi/6}$

◆**13**　極座標に関する次の方程式がどのような図形を表すか述べよ．

(1)　$r^2+r-2=0$　　(2)　$r\tan\theta\sin\theta=1$

(3)　$r+2a\cos\theta+2b\sin\theta=0$

◆**14**　複素数 $z=x+yi$ $(x,\, y \in \boldsymbol{R})$ に対して e^z を $e^z=e^x(\cos y+i\sin y)$ として定義する．このとき次を示せ．

(1)　$|e^z|=e^x$

(2)　$\arg e^z=y$

(3)　$e^{z_1}=e^{z_2} \iff z_1=z_2+2n\pi i$ $(n \in \boldsymbol{Z})$

(4)　$e^{z_1}e^{z_2}=e^{z_1+z_2}$

(5)　$\dfrac{e^{z_1}}{e^{z_2}}=e^{z_1-z_2}$

(6)　$e^{\overline{z}}=\overline{e^z}$

◆**15**　次の方程式を解け．

(1)　$z^2+3z+4=0$　　(2)　$z^2=2+2\sqrt{3}\,i$

(3)　$z^2=3-4i$　　(4)　$z^2-2iz-1-i=0$

◆**16**　α を 0 でない複素数とするとき，複素平面内で次の z に対する方程式が表す図形を述べよ．

(1)　$\alpha z=\overline{\alpha z}$　　(2)　$z\overline{z}+\alpha z+\overline{\alpha z}=0$

◆**17**　次を計算せよ．

(1)　$(1+i)^{-7}$　　(2)　$(\sqrt{3}-i)^8$　　(3)　$\left(\dfrac{1+\sqrt{3}\,i}{2+2i}\right)^7$

◆**18**　$z^n=1$ の虚数の根は

$$z^{n-1}+z^{n-2}+\cdots+z+1=0$$

を満たすことを示せ．

◆**19**　次の方程式を解け．

(1)　$z^6=-64$　　(2)　$z^3=1-i$　　(3)　$z^6-iz^3+2=0$

問題の略解とヒント

第 1 章 問題

1.1.1　$(a_1, a_2) = c(b_1, b_2)$ となる c の存在を示す．

1.1.2　問題 1.1.1 と例題 1.1.3 を用いる．　**1.1.3**　例題 1.1.3 を用いる．

1.1.4　(1) は成分を代入して確かめる．(2) は (1) を用いる．

1.1.5　ベクトルを成分で表して代入する．

1.1.6　三角形 OAB の面積が $\frac{1}{2}\,\overline{\mathrm{OA}}\,\overline{\mathrm{OB}}\,\sin\angle\mathrm{AOB}$ に等しいことを用いる．

1.1.7　例題 1.1.8 より，(左辺 − 右辺)$\cdot \boldsymbol{a} = 0$ と (左辺 − 右辺)$\cdot \boldsymbol{b} = 0$ を示せば十分である．

1.1.8　例題 1.1.1 と同様に示せる．　**1.1.9**　例題 1.1.2 と同様に示せる．

1.1.10　$c_1\boldsymbol{a}_1 + c_2\boldsymbol{a}_2 + c_3\boldsymbol{a}_3 = \boldsymbol{0}$ が成り立つのはどのようなときかを考える．

1.1.11　(1), (2) は式を代入すれば示せる．(3) は (1), (2) を用いる．

1.1.12　問題 1.1.4 を参考にせよ．

1.1.13　(1) は例題 1.1.6 と同様に示せる．(2) は (1) より導かれる．

1.1.14　例題 1.1.8 と同様に示せる．

1.1.15　ベクトルを成分で表して代入する．

1.1.16　問題 1.1.14 より，(左辺 − 右辺) と $\boldsymbol{a}$, $\boldsymbol{b}$, $\boldsymbol{c}$ との内積がすべて 0 になることを示せばよい．

1.2.1　ベクトルを成分で表して代入する．

1.2.2　問題 1.1.6 を用いる．

1.2.3　5/2　　**1.2.4**　問題 1.1.2 と $[\![\boldsymbol{a}, \boldsymbol{b}]\!]$ の定義からわかる．

1.2.5　(1)　順に $\boldsymbol{k}$, $\boldsymbol{i}$, $\boldsymbol{j}$.　　(2)　ベクトルを成分で表して計算する．

1.2.6　ベクトルを成分で表して，$|\boldsymbol{a} \times \boldsymbol{b}|^2 - |\boldsymbol{a}|^2|\boldsymbol{b}|^2 \sin^2\theta = 0$ を示す．$\boldsymbol{a} \cdot \boldsymbol{b} = |\boldsymbol{a}||\boldsymbol{b}|\cos\theta$ も利用する．

1.2.7　$\frac{1}{2}|\boldsymbol{a} \times \boldsymbol{b}| = 28$

1.2.8　(1) 内積の双線形性（問題 1.1.15），外積の双線形性（例題 1.2.2）を使う．　(2)　$[\![\boldsymbol{a}, \boldsymbol{b}, \boldsymbol{c}]\!] = \boldsymbol{a} \cdot (\boldsymbol{b} \times \boldsymbol{c})$ と書けば，外積の交代性（例題 1.2.2）より $[\![\boldsymbol{a}, \boldsymbol{b}, \boldsymbol{c}]\!] = -[\![\boldsymbol{a}, \boldsymbol{c}, \boldsymbol{b}]\!]$ がわかる．他も同様．

1.2.9　$[\![\boldsymbol{a}_1, \boldsymbol{b}_1, \boldsymbol{c}_1]\!] + [\![\boldsymbol{a}_1, \boldsymbol{b}_1, \boldsymbol{c}_2]\!] + [\![\boldsymbol{a}_1, \boldsymbol{b}_2, \boldsymbol{c}_1]\!] + [\![\boldsymbol{a}_1, \boldsymbol{b}_2, \boldsymbol{c}_2]\!] + [\![\boldsymbol{a}_2, \boldsymbol{b}_1, \boldsymbol{c}_1]\!] +$

$[\![\boldsymbol{a}_2, \boldsymbol{b}_1, \boldsymbol{c}_2]\!] + [\![\boldsymbol{a}_2, \boldsymbol{b}_2, \boldsymbol{c}_1]\!] + [\![\boldsymbol{a}_2, \boldsymbol{b}_2, \boldsymbol{c}_2]\!]$

1.2.10 (1) 右手系 (2) 左手系 (3) どちらでもない **1.2.11** $|[\![\boldsymbol{a}, \boldsymbol{b}, \boldsymbol{c}]\!]|$

1.2.12 1/6 **1.3.1** 位置ベクトルを媒介変数で表せばよい．

1.3.2 直線上の任意の点の座標を (x, y) とすると $(x-a_1)(b_1-a_1)+(y-a_2)(b_2-a_2) = 0$. **1.3.3** $\pi/4$ **1.3.4** $a+b=1$

1.3.5 $(\alpha, \beta) \cdot \boldsymbol{b} = 0$ かつ $(\alpha, \beta) \cdot \boldsymbol{a} + \gamma = 0$

1.3.6 $\mathrm{P}(p, q)$, $\boldsymbol{n} = (a, b)$ とし，直線上の任意の点を $\mathrm{Q}(x, y)$ とすると，$\boldsymbol{n}$ が直線の法線ベクトルなので，求める距離は $\overrightarrow{\mathrm{PQ}}$ の $\boldsymbol{n}$ への正射影の長さに等しい．すなわち $|\overrightarrow{\mathrm{PQ}} \cdot \boldsymbol{n}|/|\boldsymbol{n}|$ である．

1.3.7 位置ベクトルを媒介変数で表せばよい．

1.3.8 直線上の任意の点の座標を (x, y, z) とすると，媒介変数 t を用いて $(x-a_1, y-a_2, z-a_3) = t(b_1-a_1, b_2-a_2, b_3-a_3)$ となる．

1.3.9 (1) $x-1 = -(y-2) = -(z-3)/2$ (2) $x-1 = (z-3)/3$, $y = 2$
(3) $\sqrt{15}/6$

1.3.10 (1) $\boldsymbol{b} /\!/ \boldsymbol{\beta}$ かつ $\boldsymbol{a} - \boldsymbol{\alpha}$ と $\boldsymbol{b}$（あるいは $\boldsymbol{\beta}$）が 1 次従属
(2) $(b_1, b_2, b_3) /\!/ (\beta_1, \beta_2, \beta_3)$ かつ $(a_1-\alpha_1, a_2-\alpha_2, a_3-\alpha_3)$ と (b_1, b_2, b_3)（あるいは $(\beta_1, \beta_2, \beta_3)$）が 1 次従属

1.3.11 $\boldsymbol{b} /\!/ (\beta_1, \beta_2, \beta_3)$ かつ $\boldsymbol{a} - (\alpha_1, \alpha_2, \alpha_3)$ と $\boldsymbol{b}$（あるいは $(\beta_1, \beta_2, \beta_3)$）が 1 次従属

1.3.12 直線は原点 O を通るので，直線の方向ベクトル $(1, 1, 1)$ と $\overrightarrow{\mathrm{OQ}} = (a, b, c)$ の張る平行四辺形の面積を利用すると簡単．
距離は $\sqrt{\frac{2}{3}(a^2+b^2+c^2-ab-bc-ca)}$.

1.3.13 (1) 同一平面上にある (2) 同一平面上にある
(3) 同一平面上にない

1.3.14 (1) 次を示せばよい．『2 直線が同一平面上にある $\Longleftrightarrow$ それぞれの直線から任意に 2 点ずつ選んだ合計 4 点が同一平面上にある』
(2) $a_1(b_2-b_3) + a_2(b_3-b_1) + a_3(b_1-b_2) \neq 0$

1.3.15 $((a_1, a_2, a_3) \times (b_1, b_2, b_3)) \cdot (x, y, z) = 0$ すなわち $(a_2b_3 - a_3b_2)x + (a_3b_1 - a_1b_3)y + (a_1b_2 - a_2b_1)z = 0$

1.3.16 $((l_1, l_2, l_3) \times (a_1-c_1, a_2-c_2, a_3-c_3)) \cdot (x-c_1, y-c_2, z-c_3) = 0$

1.3.17 $d\boldsymbol{n} + k(a, b, c) = \boldsymbol{0}$ もしくは $d = k = 0$ かつ $\boldsymbol{n} /\!/ (a, b, c)$

1.3.18 交線：$x = y = z$, $\theta = \pi/3$ **1.3.19** $\sqrt{78}/21$

1.3.20 $\mathrm{P}(p, q, r)$, $\boldsymbol{n} = (a, b, c)$ とし，平面上の任意の点を $\mathrm{Q}(x, y, z)$ とすると，$\boldsymbol{n}$

が平面の法線ベクトルなので，求める距離は $\overrightarrow{\mathrm{PQ}}$ の $\boldsymbol{n}$ への正射影の長さに等しい．すなわち $|ap+bq+cr+d|/\sqrt{a^2+b^2+c^2}$ である．

1.4.1 $x^2+y^2+\dfrac{a_2(b_1^2+b_2^2)-b_2(a_1^2+a_2^2)}{a_1b_2-a_2b_1}x+\dfrac{b_1(a_1^2+a_2^2)-a_1(b_1^2+b_2^2)}{a_1b_2-a_2b_1}y=0$

1.4.2 $x^2+y^2-\dfrac{9}{4}x-\dfrac{9}{4}y+\dfrac{7}{4}=0$ **1.4.3** $\dfrac{|ba_1+ca_2+d|}{\sqrt{b^2+c^2}}=|r|$

1.4.4 $(x_0-a_1)(x-a_1)+(y_0-a_2)(y-a_2)=r^2$

1.4.5 接点 $\left(\pm\dfrac{r\sqrt{a^2-r^2}}{a}, \dfrac{r^2}{a}\right)$ と接線 $\pm\dfrac{r\sqrt{a^2-r^2}}{a}x+\dfrac{r^2}{a}y=r^2$
（複号同順）

1.4.6 $x^2+y^2-6x-1=0$

1.4.7 $(x-a_1)(x-b_1)+(y-a_2)(y-b_2)+(z-a_3)(z-b_3)=0$

1.4.8 $x^2+y^2+z^2-x-y-z=0$

1.4.9 例題 1.4.3 と同様に示せる．

1.4.10 例題 1.4.4 の証明を参考にしながら次の手順に従えばよい．
(1) 交円を含む任意の球面の中心の座標を求める．
(2) 与式が交円を含む球面を表しており，その中心が (1) と一致することを示す．

1.4.11 $x^2+y^2+z^2-2x-2y-2z-2=0$

1.4.12 $\dfrac{|ba_1+ca_2+da_3+e|}{\sqrt{b^2+c^2+d^2}}=|r|$

1.4.13 $(x_0-a_1)(x-a_1)+(y_0-a_2)(y-a_2)+(z_0-a_3)(z-a_3)=r^2$

1.4.14 接平面は 1 つではない．媒介変数 θ を用いて接点は
$\left(\cos\theta\frac{r\sqrt{a^2-r^2}}{a}, \sin\theta\frac{r\sqrt{a^2-r^2}}{a}, \frac{r^2}{a}\right)$ と表される．対応する接平面の方程式は
$\cos\theta\frac{r\sqrt{a^2-r^2}}{a}x+\sin\theta\frac{r\sqrt{a^2-r^2}}{a}y+\frac{r^2}{a}z=r^2$ となる．

1.4.15 $x^2+y^2+z^2-4x+4z-10=0$

第 1 章 演習問題

1 (1) 平行 (2) 平行でない

2 (1) $(-1,0), (\frac{1}{2}, \frac{\sqrt{3}}{2})$ (2) $(-1+\frac{\sqrt{3}}{2}, \frac{1}{2}+\sqrt{3}), (1+\frac{\sqrt{3}}{2}, -\frac{1}{2}+\sqrt{3})$

3 (1) 2 (2) -2 (3) 0 (4) 0

4 (1) 1 次独立 (2) 1 次従属 (3) 1 次従属 (4) 1 次従属

5 $\frac{1}{2}\boldsymbol{a}+\frac{1}{6}\boldsymbol{b}$

6 $s=\frac{1}{5}x+\frac{1}{5}y, t=-\frac{3}{5}x+\frac{2}{5}y$ **7** 4

8 (1) 平行でない (2) 平行 **9** (1) $\frac{2}{3}\pi$ (2) $\frac{\pi}{4}$

10 $|\boldsymbol{a}+\boldsymbol{b}|^2 = (\boldsymbol{a}+\boldsymbol{b})\cdot(\boldsymbol{a}+\boldsymbol{b})$ 等を用いる.

11 コーシー–シュワルツの不等式を用いる.

12 (1) 1 次独立 (2) 1 次従属 (3) 1 次独立 (4) 1 次従属

13 正射影したベクトルは，向きが $\boldsymbol{a}$ と同じで，$\boldsymbol{v}$ とのなす角を θ とすると大きさが $|\boldsymbol{v}|\cos\theta$ である．与えられたベクトルがこれらを満たすことを示す.

14 (1) $(3,5,-1)$ (2) $(0,0,0)$ (3) $(-1,-2,-1)$

15 (1) -17，左手系 (2) 5，右手系

16 ともに $a_1b_2 - a_2b_1$ となることを示す.

17 $(\boldsymbol{a}\times\boldsymbol{b})\times\boldsymbol{c} = (1,-1,1)$, $\boldsymbol{a}\times(\boldsymbol{b}\times\boldsymbol{c}) = (4,-1,-2)$

18 (1) ベクトルを成分で表して両辺に代入すれば示せる.

(2) (1) を利用する.

19 (1) $-x+3y-8=0$ (2) $x=-3$ (3) $2x+y-1=0$

(4) $3x-2y+27=0$ (5) $y=\pm\sqrt{3}x\mp\sqrt{3}+1$

(6) $x=2,\ 3x-4y+6=0$ (7) $x=2,\ y=2,\ x-y\pm\sqrt{2}=0$

(8) $2x-4y-1=0$ (9) $3x+4y-24=0$

20 $\overrightarrow{\mathrm{AB}}, \overrightarrow{\mathrm{AC}}$ の張る平行四辺形の面積が $\left|[\![\overrightarrow{\mathrm{AB}}, \overrightarrow{\mathrm{AC}}]\!]\right|$ に等しいことを利用する.

21 (1) $(x,y,z)=(3t+1,-2t-1,t+3)$, $\frac{x-1}{3}=\frac{y+1}{-2}=z-3$

(2) $(x,y,z)=(3,t,1)$, $x=3$ かつ $z=1$

(3) $(x,y,z)=(1,t,1)$, $x=1$ かつ $z=1$

(4) $(x,y,z)=(-1,t,-2t)$, $x=-1$ かつ $2y+z=0$

(5) $(x,y,z)=(t+1,t+1,-2t+1)$, $(t+1,-2t+1,t+1)$, $x-1=y-1=\frac{z-1}{-2}$, $x-1=\frac{y-1}{-2}=z-1$ (6) $(x,y,z)=(t+2,t+1,2t+1)$, $(-t+2,2t+1,t+1)$, $x-2=y-1=\frac{z-1}{2}$, $-x+2=\frac{y-1}{2}=z-1$

22 $\sqrt{5}$ **23** (1) 一致する (2) ねじれの位置にある (3) 交わる

(4) 平行で一致しない **24** $\sqrt{14}$

25 (1) $x+y+z-2=0$ (2) $x+2y-5z+3=0$

(3) $3x+4y-11z+12=0$ (4) $-2x+5y-7z=0$

(5) $-x+2y-3z+8=0$ (6) $x+y+1=0$

(7) $x=0,\ z=0,\ -2x-6y+3z=0,\ 3x+2y+6z=0$

26 k, l を動かしたときにできる図形の集合が，交線を通る平面全体の集合に等しいことを示す.

27 (1) $\pi/3$ (2) $x-1=y+1=z$ (3) $x+y-2z=0$

28 交点は $(-1,-5,3)$，なす角の余弦は $5\sqrt{3}/9$.

29 $\overrightarrow{\mathrm{AB}}$, $\overrightarrow{\mathrm{AC}}$ の張る平行四辺形の面積が $\left|\overrightarrow{\mathrm{AB}} \times \overrightarrow{\mathrm{AC}}\right|$ に等しいことを利用する.

30 点 A, B, C, D を頂点とする 4 面体の体積と三角形 BCD の面積から 4 面体の高さを求めればよい. **31** $2\sqrt{6}/3$

32 (1) $x^2 - x + y^2 - 5y + 4 = 0$ (2) $x^2 + y^2 - x - 7y + 4 = 0$

(3) $x^2 + 4x + y^2 - 16y + 4 = 0$ (4) $x^2 + y^2 - 5x = 0$

33 $\boldsymbol{a} = (a_1, a_2)$，$\boldsymbol{b} = (b_1, b_2)$ とする.

(1) 中心が点 $(a_1/2, a_2/2)$ で，半径が $|\boldsymbol{a}|/2$ の円

(2) 中心が点 $(-a_1, -a_2)$ で半径が 2 の円

(3) 2 点 $(-a_1, -a_2)$, $(-b_1, -b_2)$ を直径とする円

(4) 法線ベクトルが $\boldsymbol{a}$ で，点 $(-b_1, -b_2)$ を通る直線

34 (1) $x^2 + y^2 + z^2 - 3x - 3 = 0$

(2) $x^2 + y^2 + z^2 - 3x - 3y - 3z = 0$

(3) $x^2 + y^2 + z^2 - 6x - 12y - 12z - 8 = 0$

35 中心は $(13/9, -5/9, 2/9)$，半径は $4\sqrt{2}/3$.

第 2 章 問題

2.1.1 (1) $\begin{pmatrix} 3 & 1 \\ 3 & 5 \end{pmatrix}$ (2) $\begin{pmatrix} 2 & 4 \\ 6 & 8 \end{pmatrix}$ (3) $\begin{pmatrix} 2 & 1 \\ 6 & 1 \end{pmatrix}$ (4) $\begin{pmatrix} -1 & 0 \\ 3 & 4 \end{pmatrix}$

(5) $\begin{pmatrix} 4 \\ 10 \end{pmatrix}$ (6) -2 (7) 2 (8) $\begin{pmatrix} -2 & 1 \\ 3/2 & -1/2 \end{pmatrix}$

(9) $\begin{pmatrix} 1/2 & 1/2 \\ 0 & 1 \end{pmatrix}$ (10) $\begin{pmatrix} 1 & 3 \\ 2 & 4 \end{pmatrix}$ (11) $\begin{pmatrix} 2 & 0 \\ -1 & 1 \end{pmatrix}$

2.1.2 行列，ベクトルを成分で表して代入すれば示せる.

2.1.3 $A = \begin{pmatrix} a_{11} & a_{12} \\ a_{21} & a_{22} \end{pmatrix}$, $B = \begin{pmatrix} b_{11} & b_{12} \\ b_{21} & b_{22} \end{pmatrix}$ とすると，$AB \neq BA$ となる条件は，$a_{12}b_{21} - a_{21}b_{12} \neq 0$ あるいは $a_{12}(b_{11} - b_{22}) - b_{12}(a_{11} - a_{22}) \neq 0$ あるいは $a_{21}(b_{11} - b_{22}) - b_{21}(a_{11} - a_{22}) \neq 0$ の少なくともどれか 1 つが成り立つことである. この条件を言い換えると，平面内の 4 点 $(0,0)$, (a_{12}, b_{12}), (a_{21}, b_{21}), $(a_{11} - a_{22}, b_{11} - b_{22})$ が同一直線上にないこととなる.

$AB \neq BA$ となる例は $A = \begin{pmatrix} 1 & 2 \\ 3 & 4 \end{pmatrix}$, $B = \begin{pmatrix} 2 & -1 \\ 0 & 1 \end{pmatrix}$.

$AB = BA$ となる例は $A = \begin{pmatrix} 1 & 2 \\ 3 & 4 \end{pmatrix}$, $B = \begin{pmatrix} 2 & 2 \\ 3 & 5 \end{pmatrix}$.

2.1.4 A, B を成分で表して代入すれば示せる.

2.1.5 (1) 問題 2.1.4 (1) を用いる. (2) AB との積を考える.

2.1.6 $\boldsymbol{a}, \boldsymbol{b}$ が 1 次独立なので, $\boldsymbol{v} = k_1\boldsymbol{a} + k_2\boldsymbol{b}$ と表すことができる. これと各小問の仮定を用いればよい.

2.1.7 点の座標は $\left(\dfrac{1-a^2}{1+a^2}p + \dfrac{2a}{1+a^2}q, \dfrac{2a}{1+a^2}p + \dfrac{-1+a^2}{1+a^2}q\right)$,

行列は $\begin{pmatrix} \dfrac{1-a^2}{1+a^2} & \dfrac{2a}{1+a^2} \\ \dfrac{2a}{1+a^2} & \dfrac{-1+a^2}{1+a^2} \end{pmatrix}$.

2.1.8 次の式が成り立つことを利用する.

$$\begin{pmatrix} \cos\theta & -\sin\theta \\ \sin\theta & \cos\theta \end{pmatrix}\begin{pmatrix} \cos\phi & -\sin\phi \\ \sin\phi & \cos\phi \end{pmatrix} = \begin{pmatrix} \cos(\theta+\phi) & -\sin(\theta+\phi) \\ \sin(\theta+\phi) & \cos(\theta+\phi) \end{pmatrix}$$

2.1.9 以下に留意して示す. (1) $f(\boldsymbol{v}) = A\boldsymbol{v}$ とするとき $A\boldsymbol{0} = \boldsymbol{0}$ となる.
(2) 直線 OP 上の任意の点の位置ベクトルは $s\overrightarrow{\mathrm{OP}}$ と表せる.
(3) xy 平面上の任意の点の位置ベクトルは $s\overrightarrow{\mathrm{OP}} + t\overrightarrow{\mathrm{OQ}}$ と表せる.

2.1.10 $\begin{pmatrix} \cos\theta & \sin\theta \\ -\sin\theta & \cos\theta \end{pmatrix}$

2.1.11 (1) $\begin{pmatrix} \cos(2\theta) & \sin(2\theta) \\ \sin(2\theta) & -\cos(2\theta) \end{pmatrix}$ (2) $\begin{pmatrix} \cos^2\theta & \cos\theta\sin\theta \\ \cos\theta\sin\theta & \sin^2\theta \end{pmatrix}$

2.1.12 (1) $\begin{pmatrix} 3 & -1 & 1 \\ -1 & 2 & 0 \\ 1 & 3 & 2 \end{pmatrix}$ (2) $\begin{pmatrix} 4 & 2 & 0 \\ -2 & 2 & 2 \\ 0 & 2 & 2 \end{pmatrix}$ (3) $\begin{pmatrix} 2 & -3 & 1 \\ 0 & 5 & -1 \\ 1 & 3 & 0 \end{pmatrix}$

(4) $\begin{pmatrix} 4 & 0 & -1 \\ -1 & 0 & 0 \\ 0 & 4 & 3 \end{pmatrix}$ (5) $\begin{pmatrix} 1 \\ 0 \\ 1 \end{pmatrix}$ (6) 1 (7) 4

(8) $\begin{pmatrix} 0 & -1 & 1 \\ 1 & 2 & -2 \\ -1 & -2 & 3 \end{pmatrix}$ (9) $\begin{pmatrix} \frac{3}{4} & 1 & \frac{1}{4} \\ -\frac{1}{4} & 0 & \frac{1}{4} \\ -\frac{1}{4} & -1 & \frac{1}{4} \end{pmatrix}$

(10) $\begin{pmatrix} 2 & -1 & 0 \\ 1 & 1 & 1 \\ 0 & 1 & 1 \end{pmatrix}$　　(11) $\begin{pmatrix} 1 & 0 & 1 \\ -2 & 1 & 2 \\ 1 & -1 & 1 \end{pmatrix}$

2.1.13 行列，ベクトルを成分で表して代入すれば示せる．

2.1.14 行列を成分で表して代入すれば示せる．

2.1.15 例題 2.1.1 を参照せよ．正則ならば $\det A \neq 0$ であること，与式の A^{-1} によって $AA^{-1} = A^{-1}A = E$ となること，A^{-1} は一意的であることを示す．

2.1.16 (1) 問題 2.1.14 (1) を利用する．　(2) AB との積を考える．

2.1.17 (1) 成分を用いてスカラー 3 重積を計算する．

(2) 例題 1.2.6 を用いる．

(3) 問題 2.1.15 で与えられた A^{-1} に $\det A$ をかけ，外積と比較する．

2.1.18 $f(\boldsymbol{i})$, $f(\boldsymbol{j})$, $f(\boldsymbol{k})$ をこの順に列ベクトルに持つ行列 A を考える．

2.1.19 (1) $\begin{pmatrix} 1 & 0 & 0 \\ 0 & 1 & 0 \\ 0 & 0 & -1 \end{pmatrix}$　(2) $\begin{pmatrix} 1 & 0 & 0 \\ 0 & -1 & 0 \\ 0 & 0 & -1 \end{pmatrix}$　(3) $\begin{pmatrix} \cos\theta & -\sin\theta & 0 \\ \sin\theta & \cos\theta & 0 \\ 0 & 0 & 1 \end{pmatrix}$

2.1.20 $\boldsymbol{a}$, $\boldsymbol{b}$, $\boldsymbol{c}$ は 1 次独立なので，$\boldsymbol{v} = k_1\boldsymbol{a} + k_2\boldsymbol{b} + k_3\boldsymbol{c}$ と表すことができる．これと各小問の仮定を用いればよい．

2.1.21 正射影は $\dfrac{1}{3}\begin{pmatrix} 1 & 1 & 1 \\ 1 & 1 & 1 \\ 1 & 1 & 1 \end{pmatrix}$，対称移動は $\dfrac{1}{3}\begin{pmatrix} -1 & 2 & 2 \\ 2 & -1 & 2 \\ 2 & 2 & -1 \end{pmatrix}$．

2.1.22 $f : \begin{pmatrix} 1 & 0 & 0 \\ 0 & \cos\theta & -\sin\theta \\ 0 & \sin\theta & \cos\theta \end{pmatrix}$，$g : \begin{pmatrix} \cos\theta' & 0 & \sin\theta' \\ 0 & 1 & 0 \\ -\sin\theta' & 0 & \cos\theta' \end{pmatrix}$，

$$g \circ f : \begin{pmatrix} \cos\theta' & \sin\theta\sin\theta' & \cos\theta\sin\theta' \\ 0 & \cos\theta & -\sin\theta \\ -\sin\theta' & \cos\theta'\sin\theta & \cos\theta\cos\theta' \end{pmatrix},$$

$$f \circ g : \begin{pmatrix} \cos\theta' & 0 & \sin\theta' \\ \sin\theta\sin\theta' & \cos\theta & -\cos\theta'\sin\theta \\ -\cos\theta\sin\theta' & \sin\theta & \cos\theta\cos\theta' \end{pmatrix}$$

2.1.23 以下に留意して示す．　(1) $f(\boldsymbol{v}) = A\boldsymbol{v}$ とするとき $A\boldsymbol{0} = \boldsymbol{0}$ となる．

(2) 直線 OP 上の任意の点の位置ベクトルは $k\overrightarrow{\mathrm{OP}}$ と表せる．

(3) 平面上の任意の点の位置ベクトルは $k\overrightarrow{\mathrm{OP}} + l\overrightarrow{\mathrm{OQ}}$ と表せる．

(4) xyz 空間内の任意の点の位置ベクトルは $k\overrightarrow{\mathrm{OP}} + l\overrightarrow{\mathrm{OQ}} + m\overrightarrow{\mathrm{OR}}$ と表せる．

2.1.24 例題 2.1.9 と同様に示せる．

2.1.25 例題 2.1.10 と同様に示せる．

2.1.26
$$\begin{pmatrix} \dfrac{\cos\theta}{2} + \dfrac{1}{2} & \dfrac{1}{2} - \dfrac{\cos\theta}{2} & \dfrac{\sin\theta}{\sqrt{2}} \\ \dfrac{1}{2} - \dfrac{\cos\theta}{2} & \dfrac{\cos\theta}{2} + \dfrac{1}{2} & -\dfrac{\sin\theta}{\sqrt{2}} \\ -\dfrac{\sin\theta}{\sqrt{2}} & \dfrac{\sin\theta}{\sqrt{2}} & \cos\theta \end{pmatrix}$$

2.2.1 方向ベクトルが $(1, 2)$ となる直線

2.2.2 原点を O とし線分 PQ を考えると，線分上の任意の点は $\overrightarrow{\mathrm{OP}} + t\overrightarrow{\mathrm{PQ}}$ $(0 \leqq t \leqq 1)$ と表せる．これに 1 次変換 f を施す．

2.2.3 (1) 平面全体の像：直線 $x + y = 0$．(p, q) に写像される点：$p + q = 0$ のときは直線 $x - y = p$ 上のすべての点，$p + q \neq 0$ のときは該当する点が存在しない．

(2) 平面全体の像：平面全体．(p, q) に写像される点：1 点 $\left(\dfrac{p - 2q}{3}, \dfrac{p + q}{3}\right)$

(3) 平面全体の像：直線 $x = 2y$．(p, q) に写像される点：$p = 2q$ のときは直線 $2x = p$ 上のすべての点，$p \neq 2q$ のときは該当する点が存在しない．

2.2.4 $A(t\boldsymbol{v}) = \lambda(t\boldsymbol{v})$, $t\boldsymbol{v} \neq \boldsymbol{0}$ を示せばよい．

2.2.5 (1) 直線 $y = 2x$　(2) 直線 $y = x$ と直線 $y = -x$

2.2.6 $f(\boldsymbol{l}) \neq \boldsymbol{0}$ のときは，位置ベクトル $f(\overrightarrow{\mathrm{OA}})$ の点を通り，方向ベクトルが $f(\boldsymbol{l})$ の直線．$f(\boldsymbol{l}) = \boldsymbol{0}$ のときは，位置ベクトル $f(\overrightarrow{\mathrm{OA}})$ で表される 1 点．(例題 2.2.1 を参照せよ.)

2.2.7 例題 2.2.3，問題 2.2.2 と同様に示せる．

2.2.8 例題 2.2.3，問題 2.2.7 と同様に示せる．

2.2.9 $\boldsymbol{a}$, $\boldsymbol{b}$, $\boldsymbol{c}$ が 1 次独立と仮定する．$k_1 f(\boldsymbol{a}) + k_2 f(\boldsymbol{b}) + k_3 f(\boldsymbol{c}) = \boldsymbol{0}$ から $k_1 = k_2 = k_3 = 0$ を導けばよい．例題 2.1.12 (3) を用いる．

2.2.10 (1) 空間全体の像：平面 $x + y + z = 0$．(p, q, r) に写像される点：$p + q + r = 0$ のときは $x = \dfrac{p}{2} + \dfrac{q}{4}$ かつ $z = y + \dfrac{p}{2} - \dfrac{q}{4}$ によって表される直線上のすべての点．$p + q + r \neq 0$ のときは該当する点が存在しない．

(2) 空間全体の像：直線 $6x = 3y = 2z$．(p, q, r) に写像される点：$6p = 3q = 2r$ が成り立つときは平面 $x - y + z = p$ 上のすべての点．$6p = 3q = 2r$ が成り立たないときは該当する点が存在しない．

2.2.11 例題 2.2.6 と同様に示せる．

2.2.12 (1) 固有値は 1, 2, 3 の 3 つ．対応する固有ベクトルはこの固有値の順に $(-1,1,0)$, $(0,1,1)$, $(1,1,1)$．直線の像は，この固有ベクトルの順に $x+y=0$ かつ $z=0$, $x=0$ かつ $y=z$, $x=y=z$ でそれぞれ表される直線．

(2) 固有値は 1, 2 の 2 つ．固有ベクトルはこの固有値の順に $(1,1,1)$, $(0,0,1)$．直線の像は，この固有ベクトルの順に $x=y=z$, $x=y=0$ でそれぞれ表される直線．

2.3.1 (1) 行列式が 0 でないことを示し，両辺に右から A^{-1} をかける．

(2) (1) よりただちに導かれる．

(3) A, B がともに直交行列のとき，${}^t(AB)(AB)=E$ となることを示す．問題 2.1.4 (3) を用いる．

2.3.2 ($\Rightarrow$) 例題 2.3.1 において，$\boldsymbol{w}=\boldsymbol{v}$ を考えればよい．

($\Leftarrow$) $|\boldsymbol{v}+\boldsymbol{w}|^2=|f(\boldsymbol{v}+\boldsymbol{w})|^2$ より導かれる．

2.3.3 例題 2.3.1 と問題 2.3.2 を用いる．

2.3.4 1 次変換 f, g が等角であるとする．任意の $\boldsymbol{v}$, $\boldsymbol{w}$ に対して

$$\frac{\boldsymbol{v}\cdot\boldsymbol{w}}{|\boldsymbol{v}|\,|\boldsymbol{w}|}=\frac{(g\circ f)(\boldsymbol{v})\cdot(g\circ f)(\boldsymbol{w})}{|(g\circ f)(\boldsymbol{v})|\,|(g\circ f)(\boldsymbol{w})|}$$

を示せばよい．$g\circ f(\boldsymbol{v})=g(f(\boldsymbol{v}))$ 等に注意．

2.3.5 p.60 に挙げられている順に，1 倍，1 倍，1 倍，1 倍，0 倍，0 倍，a^2 倍，a 倍，a 倍，1 倍．　**2.3.6** 問題 2.3.1 と同様に示せる．

2.3.7 例題 2.3.1，問題 2.3.2，例題 2.3.2 と同様に示せる．

2.3.8 相似変換は相似比が 1 または -1 以外なら等長でない．xy 平面への正射影は等長でない．その他は等長である．

2.3.9 問題 2.3.3 と同様に示せる．　**2.3.10** 例題 2.3.4 と同様に示せる．

第 2 章 演習問題

1 $\begin{pmatrix} 2 & 0 \\ 3 & -1 \end{pmatrix}$

2 (1) $\begin{pmatrix} \cos 2\theta & \sin 2\theta \\ \sin 2\theta & -\cos 2\theta \end{pmatrix}$　(2) $\begin{pmatrix} \cos^2\theta & \cos\theta\sin\theta \\ \cos\theta\sin\theta & \sin^2\theta \end{pmatrix}$

3 $\boldsymbol{a}=(a,b)$ とすれば，$\boldsymbol{a}$ が L の法線ベクトルとなる．平面内の任意の点を位置ベクトルを $\boldsymbol{v}$ とすると，$\boldsymbol{v}$ を $\boldsymbol{a}$ 方向へ正射影したベクトルが $\dfrac{\boldsymbol{v}\cdot\boldsymbol{a}}{|\boldsymbol{a}|^2}\boldsymbol{a}$ となる．これを利用すればよい．なお，演習問題 2 からも導くことができる．

(1) $\dfrac{1}{a^2+b^2}\begin{pmatrix} b^2-a^2 & -2ab \\ -2ab & a^2-b^2 \end{pmatrix}$　(2) $\dfrac{1}{a^2+b^2}\begin{pmatrix} b^2 & -ab \\ -ab & a^2 \end{pmatrix}$

4 成分を代入して計算すればよい．

5 固有方程式の根と係数の関係から導ける．

6 $\det A = 0$ を示せば，固有値 0 を持つことが固有方程式から導かれる．また，ハミルトン–ケーリーの定理（演習問題 4 参照）より $A^n = (a+d)^{n-1}A = O$ となり，$A^2 = O$ はこれより示せる．

7 ハミルトン–ケーリーの定理（演習問題 4 参照）より $(a+d-1)A = (ad-bc)E$ となることを利用する．

8 $\begin{pmatrix} -1 & 0 \\ 3 & 2 \end{pmatrix}$

9 (1) 固有値は $-2, 3$ で，対応する固有ベクトルはそれぞれ $\begin{pmatrix} -1 \\ 1 \end{pmatrix}$, $\begin{pmatrix} 2 \\ 3 \end{pmatrix}$

(2) $P = \begin{pmatrix} -1 & 2 \\ 1 & 3 \end{pmatrix}$ （他にもある）

(3) $(P^{-1}AP)^n = P^{-1}A^nP$ を利用して求める．

$$A^n = \frac{1}{5}\begin{pmatrix} 3\times(-2)^n + 2\times 3^n & (-2)^{n+1} + 2\times 3^n \\ -3\times(-2)^n + 3^{n+1} & -(-2)^{n+1} + 3^{n+1} \end{pmatrix}$$

10 (1) 1 (2) 2 (3) 1

11 連立 1 次方程式が $A\begin{pmatrix} x \\ y \end{pmatrix} = \begin{pmatrix} 0 \\ 0 \end{pmatrix}$ と書けることを利用する．例題 2.2.5 を参照せよ．

12 (1) 直線 $2x - y = 0$ (2) 直線 $2x - y = 0$ (3) 点 $(-d, -2d)$

13 (1) 直線 $-2x + y = 0$ および直線 $x + 2y = 0$

(2) $x + 2y = a$（$a \in \boldsymbol{R}$）で表される直線および直線 $2x + 3y = 0$

14 原点を通らない直線は $px + qy + 1 = 0$（$(p,q) \neq (0,0)$）と一意的に表せる．$A = \begin{pmatrix} a & b \\ c & d \end{pmatrix}$ とし，直線上の点 (x,y) を f で写像すれば $p(ax+by) + q(cx+dy) + 1 = 0$ を満たすので，$pa + qc = p$, $pb + qd = q$ となる．よって ${}^tA\begin{pmatrix} p \\ q \end{pmatrix} = \begin{pmatrix} p \\ q \end{pmatrix}$ となり ${}^tA$ は固有値 1 を持つ．A と ${}^tA$ の固有方程式は一致するので A も固有値 1 を持つ．

15 (1) 1 点 $\left(\frac{4}{11}p - \frac{3}{11}q, \frac{1}{11}p + \frac{2}{11}q\right)$

(2) $p \neq q$ なら該当する点は存在しない．$p = q$ なら直線 $x + y = p$ 上のすべての点

(3) $p \neq 0$ なら該当する点は存在しない．$p = 0$ なら直線 $-2x + 3y = q$ 上のすべての点

16 f を表す行列を $A=\begin{pmatrix} a_{11} & a_{12} \\ a_{21} & a_{22} \end{pmatrix}$ とし，$L,\ M,\ L',\ M'$ をそれぞれ $b_{11}x+b_{12}y+1=0,\ b_{21}x+b_{22}y+1=0,\ c_{11}x+c_{12}y+1=0,\ c_{21}x+c_{22}y+1=0$ とする．L 上の点は $c_{11}(a_{11}x+a_{12}y)+c_{12}(a_{21}x+a_{22}y)+1=0$，$M$ 上の点は $c_{21}(a_{11}x+a_{12}y)+c_{22}(a_{21}x+a_{22}y)+1=0$ を満たす．よって，

$\begin{pmatrix} c_{11} & c_{12} \\ c_{21} & c_{22} \end{pmatrix}\begin{pmatrix} a_{11} & a_{12} \\ a_{21} & a_{22} \end{pmatrix}=\begin{pmatrix} b_{11} & b_{12} \\ b_{21} & b_{22} \end{pmatrix}$ となり A が定まる．

17 一意性は演習問題 16 から導かれる．$L,\ M$ の方向ベクトルをそれぞれ $\boldsymbol{a}, \boldsymbol{b}$ とすれば，$f(\boldsymbol{a})=t\boldsymbol{b},\ f(\boldsymbol{b})=s\boldsymbol{a}$ となる．よって任意の点の位置ベクトル $\boldsymbol{x}$ に対して $(f\circ f)(\boldsymbol{x})=ts\boldsymbol{x}$ が成立する．$L,\ M$ の交点は f の不動点であるので $ts=1$ となり $f\circ f$ は恒等変換となる．

18 (1)　1 次変換でない　　(2)　1 次変換　　(3)　1 次変換でない

(4)　1 次変換　　(5)　1 次変換　　(6)　1 次変換でない

19 (1)　演習問題 3 と同様に解ける．$\boldsymbol{a}=(a_1,a_2,a_3)$ とすると，求める行列は

$$\frac{1}{a_1^2+a_2^2+a_3^2}\begin{pmatrix} a_2^2+a_3^2-a_1^2 & -2a_1a_2 & -2a_1a_3 \\ -2a_1a_2 & a_1^2+a_3^2-a_2^2 & -2a_2a_3 \\ -2a_1a_3 & -2a_2a_3 & a_1^2+a_2^2-a_3^2 \end{pmatrix}$$

(2)　$$\frac{1}{a_1^2+a_2^2+a_3^2}\begin{pmatrix} a_2^2+a_3^2 & -a_1a_2 & -a_1a_3 \\ -a_1a_2 & a_1^2+a_3^2 & -a_2a_3 \\ -a_1a_3 & -a_2a_3 & a_1^2+a_2^2 \end{pmatrix}$$

20 L への正射影は $f(\boldsymbol{v})=\dfrac{(\boldsymbol{v}\cdot\boldsymbol{a})\boldsymbol{a}}{|\boldsymbol{a}|^2}$ なので，$\dfrac{1}{|\boldsymbol{a}^2|}\begin{pmatrix} a_1^2 & a_1a_2 & a_1a_3 \\ a_2a_1 & a_2^2 & a_2a_3 \\ a_3a_1 & a_3a_2 & a_3^2 \end{pmatrix}$

21 (1)　3　　(2)　1　　(3)　2

22 (1)　その直線上の点の位置ベクトルを媒介変数 t を用いて $\boldsymbol{a}+t\boldsymbol{l}$ と表す．これを f で写像して得られる直線の方向ベクトルを考えればよい．

(2)　演習問題 14 と同様に示せる．法線ベクトルが $\boldsymbol{n}=(p,q,r)$ である平面 $px+qy+rz+s=0$ を考える．平面内の点 (x,y,z) を f で写像した点を (x',y',z') とすれば，$px'+qy'+rz'+s=0$ を満たす．これより $\boldsymbol{n}$ が ${}^tA$ の固有ベクトルであることを示す．

23 原点を通り方向ベクトルが $(1,0,0)$ の直線，点 $(a,0,0)$ を通り方向ベクトルが $(0,1,0)$ の直線，点 $(a,0,0)$ を通り方向ベクトルが $(0,0,1)$ の直線．ただし a は任意

定数である．

24 (1) 平面 $x+y=0$ (2) 平面 $x+y=0$

(3) 直線 $x-d=-y-d=z+d$

25 (1) 平面 $2x-3y+2z=0$ (2) $2p-3q+2r \fallingdotseq 0$ なら該当する点は存在しない．$2p-3q+2r=0$ なら直線 $x=y-\dfrac{p-q}{3}=-z+\dfrac{q}{4}$ 上のすべての点．

26 演習問題 16 を参照せよ． **27** 演習問題 17 を参照せよ．

28 ${}^tAA=E$ の両辺の行列式が等しいことから導ける．

29 (1) 円の中心の位置ベクトルを $\boldsymbol{a}$ とすると，半径 r の円上の点の位置ベクトル $\boldsymbol{p}$ は $|\boldsymbol{p}-\boldsymbol{a}|=r$ を満たす．等長変換の性質より $|f(\boldsymbol{p})-f(\boldsymbol{a})|=|f(\boldsymbol{p}-\boldsymbol{a})|=|\boldsymbol{p}-\boldsymbol{a}|=r$ であるので，円の像は中心の位置ベクトルが $f(\boldsymbol{a})$ で半径が r の円となる．

(2) 等角変換が，相似変換，原点まわりの回転，x 軸についての対称移動か，それらの合成であることから示せる（例題 2.3.5 参照）． **30** 前問と同様に示せる．

31 (1) 例題 1.2.1 を参照せよ．

(2) $A\boldsymbol{a}$, $A\boldsymbol{b}$ をこの順に列ベクトルとする行列を B, $\boldsymbol{a}$, $\boldsymbol{b}$ をこの順に列ベクトルとする行列を C とすると，$B=AC$ となることから示せる．

32 前問と同様に示せる．

第3章 問題

3.1.1 (1) $\{n \mid n \in \boldsymbol{Z},\ -5 \leqq n \leqq 7\}$ (2) $\{n \mid n \in \boldsymbol{Z},\ n<0\}$

(3) $\{x \mid x \in \boldsymbol{R},\ 1 \leqq x < 3\}$

3.1.2 (1), (2) ともに部分集合の定義から導ける．

3.1.3 $A \cup B=\{1,2,3,4,5,6,8\}$, $A \cap B=\{2,4\}$, $A \setminus B=\{1,3,5\}$.

3.1.4 (1) 0 と負の整数全体 (2) 虚数全体 (3) 空集合

3.1.5 (1) 「$x \in A$ または $x \in B$」 $\Leftrightarrow$ 「$x \in B$ または $x \in A$」

(3) $x \in A$ と $x \in B$ に場合分けすればよい．

(4) 「($x \in A$ または $x \in B$) または $x \in C$」「$x \in A$ または ($x \in B$ または $x \in C$)」はともに x が A, B, C のどれかに属することと同値である．

(5) 「$x \in A$ かつ $x \in B$」 $\Leftrightarrow$ 「$x \in B$ かつ $x \in A$」

(6) 「$x \in A$ かつ $x \in B$」 $\Rightarrow x \in A$

(8) 「($x \in A$ かつ $x \in B$) かつ $x \in C$」「$x \in A$ かつ ($x \in B$ かつ $x \in C$)」はともに x が A, B, C のすべてに属することと同値である．

(10) (左辺 $\subset$ 右辺) $x \in$ 左辺 を仮定する．このとき常に $x \in A$ である．後は $x \in B$ と $x \notin B$ に場合分けする．(左辺 $\supset$ 右辺) 同様に証明できる．

(11)「$x \in A$ かつ $x \notin B$」$\Rightarrow x \in A$

3.1.6 (1) $A \cup B \supset B$ は問題 3.1.5 (2) で示されているので「$A \subset B$ ならば $A \cup B \subset B$」を示す．このために $x \in A \cup B$ と仮定し，後は $x \in A$ と $x \notin A$ に場合分けする．　(2) $x \in A$ を仮定すると $x \in A \cup B$ なので $x \in B$ となる．

(3) $A \cap B \subset B$ は問題 3.1.5 (6) で示されているので「$A \supset B$ ならば $A \cap B \supset B$」を示す．　(4) $x \in B$ を仮定すると $x \in B \cap A$ となるので $x \in A$.

3.1.7 (1) $A \cap B = \emptyset$　(2) $A \subset B$

3.1.8 (1) (p または q) $\Leftrightarrow$ (q または p)

(3) $p \Rightarrow r$ かつ $q \Rightarrow r$ ならば (p または q) $\Rightarrow r$

(4) (p または q) または $r \Leftrightarrow p$ または (q または r)

(5) (p かつ q) $\Leftrightarrow$ (q かつ p)

(6) $A \cap B \subset A$ より (p かつ q) $\Rightarrow p$. $A \cap B \subset B$ より (p かつ q) $\Rightarrow q$

(7) $p \Rightarrow q$ かつ $p \Rightarrow r$ ならば $p \Rightarrow$ (q かつ r)

(8) (p かつ q) かつ $r \Leftrightarrow p$ かつ (q かつ r)

(10) p かつ (q または r) $\Leftrightarrow$ (p かつ q) または (p かつ r)

(11) (p であって q でない) $\Rightarrow p$

3.1.9 補集合の公式 (3) を用いる．

3.1.10 どちらも成り立つ．たとえば最初の等式では 左辺 $= ((A \cap B) \cap C)^c = (A \cap B)^c \cup C^c = (A^c \cup B^c) \cup C^c$ とド・モルガンの法則を繰り返し用いる．

3.1.11 逆は「$x^2 > 1$ ならば $x > 2$」で偽．裏は「$x \leqq 2$ ならば $x^2 \leqq 1$」で偽．対偶は「$x^2 \leqq 1$ ならば $x \leqq 2$」で真．

3.1.12 右図の斜線部．境界は $y = 1$ の辺だけ除く．

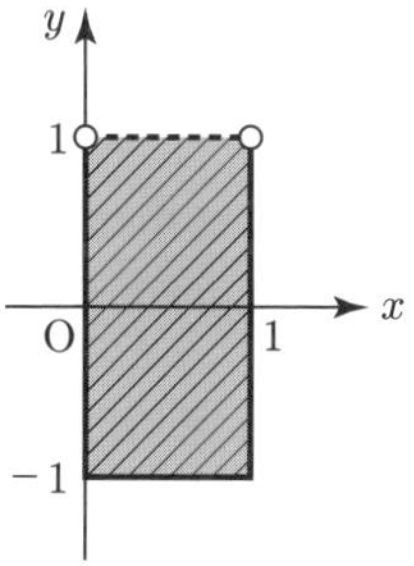

3.2.1 (1) 2　(2) $[-1/4, 2)$　(3) $\{\frac{-1-\sqrt{5}}{2}, \frac{-1+\sqrt{5}}{2}\}$

(4) $\emptyset$　(5) $(-2, -1] \cup [0, 1)$

3.2.2 $\{\frac{2\pi}{3} + 2\pi n \mid n \in \boldsymbol{Z}\} \cup \{\frac{4\pi}{3} + 2\pi n \mid n \in \boldsymbol{Z}\}$

3.2.3 (1) $\operatorname{rank} A = 3$ のとき空間全体，$\operatorname{rank} A = 2$ のとき原点を含む平面，$\operatorname{rank} A = 1$ のとき原点を含む直線，$\operatorname{rank} A = 0$ のとき原点.

(2) $\operatorname{rank} A = 3$ のとき 1 点，$\operatorname{rank} A = 2$ のとき直線または空集合，$\operatorname{rank} A = 1$ のとき平面または空集合，$\operatorname{rank} A = 0$ のとき空間全体または空集合.

3.2.4 (1) 全射だが単射でない　(2) 全単射

3.2.5 (1) $(g \circ f)(x) = 1 + x \ (x > -1)$, $(f \circ g)(x) = \dfrac{1}{1 + \frac{1}{x}} = \dfrac{x}{1+x} \ (x > 0)$

(2) $f^{-1}(x) = -\sqrt{x} \ (x \geqq 0)$　(3) $f^{-1}(x) = -1 + \sqrt{4 + x} \ (-4 < x)$

3.2.6 (1) 任意の $x \in C$ に対し $(g \circ f)(y) = x$ となる $y \in A$ が唯一存在することを示せばよい. (2) 任意の $x \in C$ に対し, $\{(g \circ f) \circ (f^{-1} \circ g^{-1})\}(x) = x$ であることを示せばよい.

3.2.7 (1) f の単射性：$f(x) = f(y)$ と仮定して，両辺に g を作用させる.
g の全射性：任意の $x \in A$ に対し, $g(f(x)) = x$ となる.
(2) $A = \{1\}$, $B = \{1, 2\}$, $f(1) = 1$, $g(1) = 1$, $g(2) = 1$ とすると, $g \circ f = \mathrm{id}_{\{1\}}$ であるが, $f \circ g = \mathrm{id}_{\{1,2\}}$ ではない.

第3章 演習問題

1 (1) $\{-2, -3\}$ (2) $\{2\}$ (3) $\{(1, 0), (0, 1)\}$
(4) $\{1\}$ (5) $\left\{\begin{pmatrix} -1 & 0 \\ 0 & 0 \end{pmatrix}, \begin{pmatrix} 1 & 0 \\ 0 & 0 \end{pmatrix}\right\}$

2 (1) 自然数の集合 $\{1, 2\}$ は $\boldsymbol{N}$ の部分集合であって要素でない. (2) π は $\boldsymbol{R}$ の要素だが部分集合ではない. (3) 開区間 $(1, 2)$ は 1 と 2 の間の実数を要素に持つので $\boldsymbol{Z}$ の部分集合ではない. (4) a は集合 $\{a\}$ の要素であり等号は成り立たない. (5) 任意の集合はその集合自体も部分集合である.
(6) 0 や負の整数は自然数でないので, $\boldsymbol{Z}$ は $\boldsymbol{N}$ の部分集合とならない.
(7) 空集合は集合であり, $\boldsymbol{R}$ の要素である実数ではない.

3 (1) $B \subset A$ (2) $A = B$ (3) $A \not\subset B$ かつ $B \not\subset A$
(4) $\boldsymbol{N} \subset \boldsymbol{Z} \subset \boldsymbol{Q} \subset \boldsymbol{R} \subset \boldsymbol{C}$

4 (1) $\emptyset$, $\{a\}$, $\{b\}$, $\{c\}$, $\{a, b\}$, $\{a, c\}$, $\{b, c\}$, $\{a, b, c\}$ (2) 2^n 個

5 (1) $6\boldsymbol{Z} \cap 4\boldsymbol{Z}$ は 6 の倍数でもあり, 4 の倍数でもある集合.
(2) $6n + 4m$ を $2n'$ の形で表せ, 逆に $2n'$ を $6m + 4n$ の形で表せることを示せばよい.

6 (1) $\{a, b, c, d, e, f, g\}$ (2) $\{a, b, c, d, e, f, g\}$ (3) $\{a\}$ (4) $\{b\}$

7 (1) $A \subset B$ (2) $A \subset B$ (3) $A \cap B = \emptyset$ (4) $B \subset A$

8 (1) $(A \cup B) \setminus B = (A \cup B) \cap B^c = (A \cap B^c) \cup (B \cap B^c) = (A \cap B^c) \cup \emptyset = A \cap B^c = A \setminus B$. また $A \setminus (A \cap B) = A \cap (A \cap B)^c = A \cap (A^c \cup B^c) = (A \cap A^c) \cup (A \cap B^c) = \emptyset \cup (A \cap B^c) = A \cap B^c = A \setminus B$.
(2) $(A \setminus B) \cap C = A \cap B^c \cap C$. 一方, $(A \cap C) \setminus (B \cap C) = (A \cap C) \cap (B \cap C)^c = (A \cap C) \cap (B^c \cup C^c) = (A \cap C \cap B^c) \cup (A \cap C \cap C^c) = A \cap C \cap B^c$.

9 $(1, 1)$, $(1, 2)$, $(1, 3)$, $(2, 1)$, $(2, 2)$, $(2, 3)$, $(3, 1)$, $(3, 2)$, $(3, 3)$

10 $A \times B \subset C \times D$ は『$(x, y) \in A \times B$ ならば $(x, y) \in C \times D$』と同値である.

さらに直積の定義を用いる． **11** 8 個

12 (1) $a \in A_1 \cup A_2$ とする．$a \in A_1$ なら $f(a) \in f(A_1)$．$a \in A_2$ なら $f(a) \in f(A_2)$．よって，$f(a) \in f(A_1) \cup f(A_2)$ となり，$f(A_1 \cup A_2) \subset f(A_1) \cup f(A_2)$．また，$A_1$, $A_2 \subset A_1 \cup A_2$ であるので，$f(A_1)$, $f(A_2) \subset f(A_1 \cup A_2)$ となり，$f(A_1) \cup f(A_2) \subset f(A_1 \cup A_2)$． (2) $A_1 \cap A_2 \subset A_1$, A_2 であるので，$f(A_1 \cap A_2) \subset f(A_1)$, $f(A_2)$ となり，$f(A_1 \cap A_2) \subset f(A_1) \cap f(A_2)$．
(3) たとえば $f(x) = x^2$ のとき，$A_1 = [0, 2]$, $A_2 = [1, 3]$ のとき成り立ち，$A_1 = [-2, 1]$, $A_2 = [-1, 2]$ のとき成り立たない．

13 $(f \circ g)(x) = \sin(x^2 - x)$ で値域は $[-1, 1]$，$(f \circ f)(x) = \sin(\sin x)$ で値域は $[-\sin 1, \sin 1]$，$(g \circ f)(x) = \sin^2 x - \sin x$ で値域は $[-1/4, 2]$，$(g \circ g)(x) = (x^2 - x)^2 - (x^2 - x)$ で値域は $[-1/4, \infty)$．

14 (1) $[-2, 0]$ (2) $[-9/4, 0)$ (3) $\emptyset$
(4) $\left(\dfrac{1-\sqrt{21}}{2}, \dfrac{1+\sqrt{21}}{2}\right)$ (5) $\left(-2, \dfrac{1-\sqrt{17}}{2}\right) \cup \left(\dfrac{1+\sqrt{17}}{2}, 3\right)$

15 (1) $\{x \mid x \in \boldsymbol{R}, x \geqq -3\}$ (2) $\{x \mid x \in \boldsymbol{R}, x \geqq -5/2\}$ (3) $\emptyset$
(4) $\{(x, y) \mid (x, y) \in \boldsymbol{R}^2, x^2 + y^2 - 2x + 4y = 0\}$．$(x, y)$ を平面内の点の座標とみなすと，中心 $(1, -2)$，半径 $\sqrt{5}$ の円となる．

16 $x + \sqrt{x} = x' + \sqrt{x'}$ から $x = x'$ を示せばよい．

17 $n = 3n + 4n - 6n$ より示せる．

18 (1) 全射 6 個，単射 0 個，全単射 0 個 (2) 全射 6 個，単射 6 個，全単射 6 個 (3) 全射 0 個，単射 6 個，全単射 0 個

19 $f(A) = [11/2, 6]$, $f^{-1}(x) = \frac{1}{x-5} + 3$

20 $f^{-1}(x) = \log(x + \sqrt{1 + x^2})$ $(x \in \boldsymbol{R})$

第 4 章 問題

4.1.1 複素数全体 $=$ 実数全体 $\cup$ 虚数全体, 実数全体 $\cap$ 虚数全体 $= \emptyset$, 虚数全体 $\supset$ 純虚数全体

4.1.2 実部と虚部の少なくとも一方が異なる場合．

4.1.3 (1) $3 + 5i$ (2) $-4 + 7i$ (3) $3 + 6i$ (4) $-3 + 4i$

4.1.4 $z = x + yi$ $(x, y \in \mathbf{R})$, $0 = 0 + 0i$, $1 = 1 + 0i$ として，左辺と右辺を比較する．

4.1.5 $z_1 = x_1 + y_1 i$, $z_2 = x_2 + y_2 i$ $(x_1, y_1, x_2, y_2 \in \boldsymbol{R})$ として代入すれば示せる．

4.1.6 (1) $-1 + 5i$ (2) $\frac{1}{5} - \frac{2}{5}i$ (3) $-\frac{4}{13} + \frac{7}{13}i$

4.1.7 (1) z_1, z_2, $1/z_3$ の積の順序を変える．

(2) 両辺がともに z_1z_2 の逆数であることを示す．逆数は一意的に定まる（例題 4.1.2 (2) 参照）．

(3) z_1, $1/z_2$, z_3, $1/z_4$ の積の順序を変える．(2) も用いる．

(4) 両辺が z_1/z_2 の逆数であることを示す．

4.1.8 $z_1 = x_1 + y_1 i$, $z_2 = x_2 + y_2 i$ (x_1, y_1, x_2, $y_2 \in \boldsymbol{R}$) として代入すれば示せる．

4.1.9 n 次方程式の両辺の複素共役をとればよい．問題 4.1.8 (3) も参照のこと．

4.1.10 $z = x + yi$ (x, $y \in \boldsymbol{R}$) のとき $|z| = \sqrt{x^2 + y^2}$ であることを用いればよい．

4.1.11 $z_1 = x_1 + y_1 i$, $z_2 = x_2 + y_2 i$ (x_1, y_1, x_2, $y_2 \in \boldsymbol{R}$) として代入すれば示せる．

4.1.12 $b^2 - 4ac > 0$ のとき $a\left(z - \frac{-b+\sqrt{b^2-4ac}}{2a}\right)\left(z - \frac{-b-\sqrt{b^2-4ac}}{2a}\right)$

$b^2 - 4ac = 0$ のとき $a(z + \frac{b}{2a})^2$

$b^2 - 4ac < 0$ のとき $a\left(z - \frac{-b+\sqrt{4ac-b^2}\,i}{2a}\right)\left(z - \frac{-b-\sqrt{4ac-b^2}\,i}{2a}\right)$

4.1.13 (1) $\pm\sqrt{2}$ (2) $\pm\sqrt{2}\,i$ (3) $1 \pm i$

(4) $\pm\sqrt{3}, \pm\sqrt{3}\,i$ (5) $\pm i$ (どちらも 2 重解)

4.1.14 a, $a\omega$, $a\omega^2$

4.1.15 (1) $0\omega - 1$ (2) $1\omega + 0$ (3) $-\omega - 1$

4.2.1 (1) 実数は実軸上にある．純虚数は原点を除く虚軸上にある．

(2) 実軸に関して対称の位置にある．

4.2.2 (1) $|z|$ (2) 三角形の 3 辺の長さがそれぞれ $\mathrm{OQ} = |z_1|$, $\mathrm{OR} = |z_1 + z_2|$, $\mathrm{QR} = |z_2|$ となるので，不等式は $|\mathrm{OQ} - \mathrm{QR}| \leqq \mathrm{OR} \leqq \mathrm{OQ} + \mathrm{QR}$ を表す．これは三角形の一辺の長さ (OR) が他の二辺の長さ (OQ, QR) の差よりも大きく，和よりも小さいという三角不等式を表している．

4.2.3 $\dfrac{z_1 + z_2 + z_3}{3}$

4.2.4 (1) $(1, 0)$ (2) $\left(1, \dfrac{3}{2}\pi\right)$ (3) $\left(\sqrt{2}, \dfrac{3}{4}\pi\right)$ (4) $\left(2, \dfrac{5}{3}\pi\right)$

4.2.5 (1) $(1, 0)$ (2) $(-3, 0)$ (3) $(-2\sqrt{2}, 2\sqrt{2})$ (4) $(1, -\sqrt{3})$

4.2.6 (1) $0 \leqq \theta \leqq \pi$ (2) $0 \leqq \theta \leqq \pi/2$ および $3\pi/2 \leqq \theta < 2\pi$（$-\pi/2 \leqq \theta \leqq \pi/2$ でもよい） (3) $3\pi/2 < \theta < 2\pi$

4.2.7

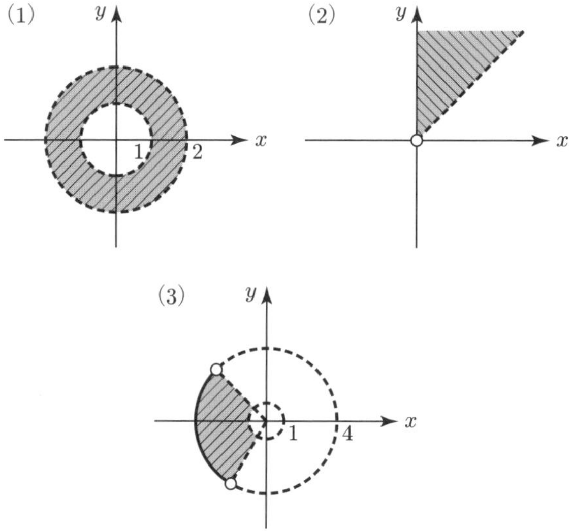

4.2.8　(1)　実部 -3，虚部 0　　(2)　実部 0，虚部 -4
(3)　実部 $-\frac{5}{2}$，虚部 $-\frac{5\sqrt{3}}{2}$

4.2.9　(1)　$2(\cos\pi + i\sin\pi)$　　(2)　$3(\cos\frac{\pi}{2} + i\sin\frac{\pi}{2})$
(3)　$2\sqrt{2}(\cos\frac{7\pi}{4} + i\sin\frac{7\pi}{4})$　　(4)　$a > 0$ のとき $a(\cos\frac{\pi}{2} + i\sin\frac{\pi}{2})$，$a < 0$ のとき $|a|(\cos\frac{3\pi}{2} + i\sin\frac{3\pi}{2})$，$a = 0$ のとき 0

4.2.10　(1)　　(2)

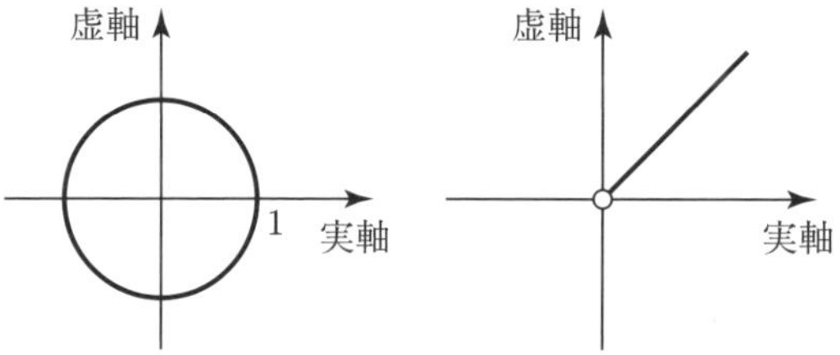

4.2.11　逆数は一意的に定まるので，$z\dfrac{1}{z} = 1$ となることを極形式で確かめればよい.

4.2.12　(1)　$\dfrac{1+\sqrt{3}}{4} + \dfrac{-1+\sqrt{3}}{4}i$　　(2)　$\dfrac{1}{\sqrt{2}}\left(\cos\dfrac{\pi}{12} + i\sin\dfrac{\pi}{12}\right)$
(3)　$\sin\dfrac{\pi}{12} = \dfrac{\sqrt{6}-\sqrt{2}}{4}$, $\cos\dfrac{\pi}{12} = \dfrac{\sqrt{6}+\sqrt{2}}{4}$

4.2.13 (1) $|w| = 2 + 2\cos\theta$ (2) $w/|w| = \cos\theta + i\sin\theta$ を示せばよい．
(3)

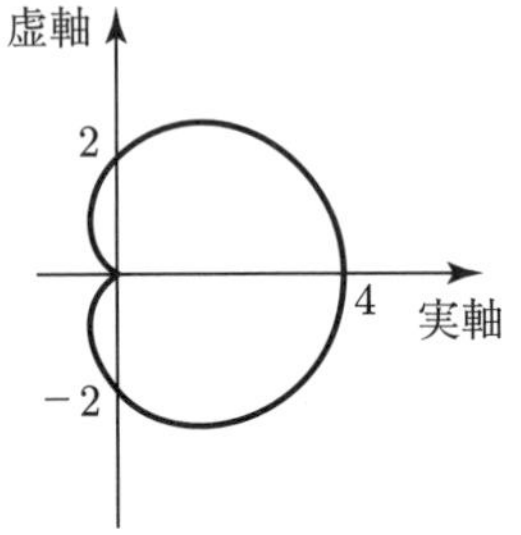

4.2.14 (1) -1 (2) $\dfrac{1+i}{\sqrt{2}}$ (3) $-512(1-\sqrt{3}\,i)$ (4) $-\dfrac{\sqrt{3}-i}{256}$

4.2.15 $\cos 0 + i\sin 0$, $\cos\frac{2\pi}{3} + i\sin\frac{2\pi}{3}$, $\cos\frac{4\pi}{3} + i\sin\frac{4\pi}{3}$ をそれぞれ計算する．

4.2.16 n と m が互いに素

4.2.17 $z = 2(\cos\frac{k\pi}{4} + i\sin\frac{k\pi}{4})$ $(k = 0,\ 1,\ 2,\ \ldots,\ 7)$ すなわち $z = \pm 2,\ \pm 2i,$ $\pm\sqrt{2}(1+i),\ \pm\sqrt{2}(1-i)$

4.2.18 $z = \sqrt[6]{2}\left(\cos\dfrac{(1+8k)\pi}{12} + i\sin\dfrac{(1+8k)\pi}{12}\right)$ $(k = 0,\ 1,\ 2)$ すなわち

$$z = \sqrt[6]{2}\left(\frac{\sqrt{6}+\sqrt{2}}{4} + \frac{\sqrt{6}-\sqrt{2}}{4}i\right),\ \sqrt[6]{2}\left(\frac{-\sqrt{2}+\sqrt{2}\,i}{2}\right),$$

$$-\sqrt[6]{2}\left(\frac{\sqrt{6}-\sqrt{2}}{4} + \frac{\sqrt{6}+\sqrt{2}}{4}i\right)$$

第 4 章 演習問題

1 (1) $8-3i$ (2) $-\dfrac{11}{17} - \dfrac{27}{17}i$

(3) 0 (4) 1 (5) $\dfrac{\sqrt{10}}{4}$

2 $\alpha = x_1 + y_1 i,\ \beta = x_2 + y_2 i$ $(x_1,\ y_1,\ x_2,\ y_2 \in \boldsymbol{R})$ とおいて示す．

3 与式から $\alpha\beta + \overline{\alpha\beta} = 0$ を導く．

4 (1) 0 (2) 2 (3) -1

5 (1) 1 (2) 1 (3) 4 (4) 0

6 n 次多項式が n 個の 1 次式に因数分解できることと問題 4.1.9 を利用する．

7 複素平面の点 $z = x + yi$ を平面内の点 (x, y) と対応させて考える．このとき (1), (2) は平面内の 1 次変換となり，それぞれを表す行列は

(1) $\begin{pmatrix} 0 & -1 \\ 1 & 0 \end{pmatrix}$ (2) $r\begin{pmatrix} \cos\theta & -\sin\theta \\ \sin\theta & \cos\theta \end{pmatrix}$ となる．

8 $z_1 = x_1 + y_1 i$, $z_2 = x_2 + y_2 i$ $(x_1, y_1, x_2, y_2 \in \boldsymbol{R})$ と表すと，たとえば (2) の $f(z_1 z_2)$ については $z_1 z_2 = x_1x_2 - y_1y_2 + (x_1y_2 + y_1x_2)i$ より $f(z_1z_2) = \begin{pmatrix} x_1x_2 - y_1y_2 & -x_1y_2 - y_1x_2 \\ x_1y_2 + y_1x_2 & x_1x_2 - y_1y_2 \end{pmatrix}$ となる．このようにそれぞれの f を行列で表せば等式を示せる．

9 一直線上にあるための条件は $\alpha - \beta = t(\alpha - \gamma)$ となる実数 t が存在することである．

10 (1) 直角二等辺三角形 (2) 正三角形

11 (1) $\sqrt{2}\left(\cos\dfrac{\pi}{4} + i\sin\dfrac{\pi}{4}\right)$ (2) $6\left(\cos\dfrac{2\pi}{3} + i\sin\dfrac{2\pi}{3}\right)$

(3) $\cos\dfrac{3\pi}{2} + i\sin\dfrac{3\pi}{2}$ (4) $5(\cos\pi + i\sin\pi)$

(5) $\cos\dfrac{\pi}{2} + i\sin\dfrac{\pi}{2}$

12 (1) $\dfrac{3\sqrt{2}}{2} + \dfrac{3\sqrt{2}}{2}i$ (2) $\dfrac{1}{2} - \dfrac{\sqrt{3}}{2}i$ (3) $-\sqrt{3} + i$

13 (1) 中心 $(0, 0)$，半径 1 の円 (2) 放物線 $y^2 = x$（原点は除く）

(3) 中心 $(-a, -b)$，半径 $\sqrt{a^2 + b^2}$ の円

14 それぞれ e^z の定義から示せる．

15 (1) $\dfrac{-3 \pm \sqrt{7}\,i}{2}$ (2) $\pm(\sqrt{3} + i)$ (3) $\pm(2 - i)$

(4) $\pm\dfrac{\sqrt{2}}{2} + \left(1 \pm \dfrac{\sqrt{2}}{2}\right)i$

16 (1) 原点 0 と $\overline{\alpha}$ を通る直線 (2) 中心 $-\overline{\alpha}$，半径 $|\alpha|$ の円

17 (1) $\dfrac{1}{16} + \dfrac{1}{16}i$ (2) $-128 + 128\sqrt{3}\,i$

(3) $\dfrac{1 - \sqrt{3}}{32} + \dfrac{1 + \sqrt{3}}{32}i$

18 $z^n - 1 = (z - 1)(z^{n-1} + z^{n-2} + \cdots + 1)$ より明らか．

19 (1) $2\left(\cos\dfrac{k\pi}{6} + i\sin\dfrac{k\pi}{6}\right)$ $(k = 1, 3, 5, 7, 9, 11)$ すなわち $\pm 2i$, $\pm\sqrt{3} + i$, $\pm\sqrt{3} - i$

(2) $\sqrt[6]{2}\left(\cos\dfrac{k\pi}{12} + i\sin\dfrac{k\pi}{12}\right)$ $(k = 7, 15, 23)$ すなわち $-\sqrt[6]{2}\dfrac{1 + i}{\sqrt{2}}$ および

$\sqrt[6]{2}\left(\dfrac{1\pm\sqrt{3}}{2\sqrt{2}}+\dfrac{1\mp\sqrt{3}}{2\sqrt{2}}i\right)$ （複号同順）

(3) $\cos\dfrac{k\pi}{6}+i\sin\dfrac{k\pi}{6}$ $(k=3,7,11)$, $\sqrt[3]{2}\left(\cos\dfrac{k\pi}{6}+i\sin\dfrac{k\pi}{6}\right)$ $(k=1,5,9)$

すなわち i, $\dfrac{\pm\sqrt{3}-i}{2}$, $-\sqrt[3]{2}\,i$, $\sqrt[3]{2}\dfrac{\pm\sqrt{3}+i}{2}$

索　　引

さ 行

た　行

な 行

は 行

ま　行

や　行

ら　行

わ　行

記号索引

第 1 章

記号	意味	ページ
(a_1, a_2), (a_1, a_2, a_3)	数ベクトル	1, 9
$\boldsymbol{R}^2$	2 次元ベクトル全体	1
$\boldsymbol{R}^3$	3 次元ベクトル全体	9
$\boldsymbol{a}$, $\boldsymbol{b}$, ...	ベクトル	1, 10
$\overrightarrow{\mathrm{AB}}$, $\overrightarrow{\mathrm{OP}}$, ...	ベクトル	2
$\boldsymbol{a} /\!/ \boldsymbol{b}$	平行	3, 10
$\boldsymbol{0}$	零ベクトル	1, 9
$\boldsymbol{a} \cdot \boldsymbol{b}$	内積	6, 12
$\lvert \boldsymbol{a} \rvert$	ベクトルの大きさ	6, 12
$[\![\boldsymbol{a}, \boldsymbol{b}]\!]$	外積の 2 次元版	14
$\boldsymbol{a} \times \boldsymbol{b}$	外積	15
$\boldsymbol{i}$, $\boldsymbol{j}$, $\boldsymbol{k}$	座標軸方向の単位ベクトル	16
$[\![\boldsymbol{a}, \boldsymbol{b}, \boldsymbol{c}]\!]$	スカラー 3 重積	17

第 2 章

記号	意味	ページ
E	単位行列	54, 67
A^{-1}	逆行列	54, 67
$\det A$	行列式	54, 67
${}^t A$	転置行列	55, 68
O	零行列	55, 68
f^{-1}	逆変換	65, 76
$g \circ f$	合成変換，合成写像	62, 73, 124
$\mathrm{rank}\, A$	階数	79, 84

第 3 章

記号	意味	ページ
$x \in A$	要素 x が集合 A に属する	100
$\boldsymbol{N}$	自然数全体	101
$\boldsymbol{Z}$	整数全体	101
$\boldsymbol{Q}$	有理数全体	101

$\boldsymbol{R}$	実数全体	101
$\boldsymbol{C}$	複素数全体	101
$p\boldsymbol{Z}$	p の倍数全体	102
$[a,b]$	閉区間	102
(a,b)	開区間	102
$[a,b)$	半開区間	102
$(a,b]$	半開区間	102
$A \subset B$	A が B の部分集合	103
$\emptyset$	空集合	104
$A = B$	集合の相等	104
$A \cup B$	和集合	105
$A \cap B$	共通部分	106
$A \setminus B$	差集合	106
A^c	補集合	107
$S(p)$	条件 p を満たす集合	109
$p \Rightarrow q$	p ならば q	109
$p \Longleftrightarrow q$	p は q と同値	109
$\overline{p}$	否定	110
$A \times B$	直積集合	116
$A^2,\ A^3,\ \ldots$	$A \times A,\ A \times A \times A,\ \ldots$	116
$f : A \to B$	写像	117
$a \mapsto f(a)$	要素同士の対応	118
id_A	恒等写像	118
$f\|_A$	制限写像	119
$f(A)$	像	119
$f^{-1}(B)$	逆像	119
f^{-1}	逆写像	125

第 4 章

記号	意味	ページ
i	虚数単位	130
$\mathrm{Re}\, z$	実部	130
$\mathrm{Im}\, z$	虚部	130
$\overline{z}$	共役複素数	136
$\|z\|$	絶対値	137
$\arg z$	偏角	145
$e^{i\theta}$	$\cos\theta + i\sin\theta$	147

著者略歴

米田　元（よねだ　げん）

1995年　早稲田大学大学院理工学研究科博士後期課程修了
現　在　早稲田大学理工学術院教授　博士（理学）

主要著書
理工系のための 微分積分入門（サイエンス社，2009）

本間泰史（ほんま　やすし）

1996年　早稲田大学大学院理工学研究科修士課程修了
現　在　早稲田大学理工学術院教授　博士（理学）

高橋大輔（たかはし　だいすけ）

1985年　東京大学大学院工学系研究科修士課程修了
東京大学工学部助手，龍谷大学理工学部講師・助教授を経て，
現　在　早稲田大学理工学術院教授　工学博士

主要著書
数値計算（理工系の基礎数学 8，岩波書店，1996）
理工基礎 線形代数（サイエンス社，2000）
差分と超離散（共立出版，2003，共著）
ベクトル解析入門（東京大学出版会，2003，共著）

ライブラリ新数学大系＝E 別巻 1

大学新入生のための 基礎数学

2010年10月25日 ©　初版発行
2023年 2 月25日　初版第10刷発行

著　者　米田　元　　　発行者　森平敏孝
　　　　本間泰史　　　印刷者　山岡影光
　　　　高橋大輔　　　製本者　小西惠介

発行所　株式会社　サイエンス社

〒151-0051　東京都渋谷区千駄ヶ谷 1 丁目 3 番 25 号
営業　☎（03）5474-8500（代）　FAX ☎（03）5474-8900
編集　☎（03）5474-8600（代）　振替　00170-7-2387

印刷　三美印刷　　　製本　ブックアート

《検印省略》

ISBN 978-4-7819-1261-5

PRINTED IN JAPAN

サイエンス社のホームページのご案内
http://www.saiensu.co.jp
ご意見・ご要望は
rikei@saiensu.co.jp まで．